Heli Dungler (Hg.)
Mark Perry

UNVERGESSLICHE TIERSCHICKSALE

Heli Dungler (Hg.)
Mark Perry

VIER PFOTEN

Unvergessliche TIERSCHICKSALE

Die bewegendsten Geschichten aus 25 Jahren

braumüller

Bibliografische Information der Deutschen Nationalbibliothek
Die Deutsche Nationalbibliothek verzeichnet diese Publikation in der Deutschen Nationalbibliografie; detaillierte bibliografische Daten sind im Internet über http://dnb.d-nb.de abrufbar.

Printed in Austria

Alle Eigennamen sind frei erfunden.

1. Auflage 2013

Servitengasse 5, A-1090 Wien

www.braumueller.at

Coverfoto: VIER PFOTEN | Mihai Vasile
Fotos Umschlagrückseite: VIER PFOTEN | Stefan Knöpfer; VIER PFOTEN | Mihai Vasile (2); VIER PFOTEN
Druck: Druckerei Theiss GmbH, A-9431 St. Stefan im Lavanttal
ISBN 978-3-99100-094-5

Für unsere Unterstützer und Helfer
und all jene Tiere, die es noch zu retten gilt

EDITORIAL

Liebe Leserinnen und Leser,

ein Gedanke, der mich in all den 25 Jahren meiner Arbeit für das Wohl der Tiere begleitet hat, ist: Jedes Leben, das gerettet werden kann, ist ein Geschenk! Und in diesem Sinne hatte ich in diesem Vierteljahrhundert, seit ich VIER PFOTEN ins Leben gerufen habe, sehr oft das schöne Gefühl, ein Geschenk zu bekommen. Denn VIER PFOTEN hat es sich bei der Gründung im Jahr 1988 zur Aufgabe gemacht, Tieren in Not zu helfen – und dieser Aufgabe kommen wir auch heute noch täglich aufs Neue nach.

Das erfordert manchmal viel Kraft und Geduld. Ohne meine Mitarbeiterinnen und Mitarbeiter und die vielen Helferinnen und Helfer, die sich in den Dienst dieser guten Sache gestellt haben und VIER PFOTEN so tatkräftig unterstützen, hätten all die kleinen und großen Wunder – über die Sie sich in unserem Buch ein Bild machen können – nicht wahr werden können. Immer wieder stehen wir aufs Neue vor unfassbarem Leid, das Tieren in allen Teilen der Welt widerfährt. Und immer wieder aufs Neue freut es mich, dass VIER PFOTEN eine Lösung für diese Tiere in Not bieten kann.

Gleichzeitig versuchen wir in unserer täglichen Arbeit bei Kindern und Erwachsenen die Liebe zu Tieren und das Verständnis für ihre Bedürfnisse zu erwecken. Wir wollen das Bewusstsein der Menschen in puncto Tierschutz verändern und weiterentwickeln. Und wir wollen ihnen helfen zu verstehen, dass Tiere sehr feinfühlige Lebewesen sind, die es mit Respekt und Mitgefühl zu behandeln gilt.

Wie können wir das erreichen? Unsere Mission ist es, die Stimme der Tiere zu sein. In diesem Sinne ist auch die Idee für dieses Buch entstanden: Sie finden darin wahre Schicksale von Tieren, die von VIER PFOTEN gerettet werden konnten. Schicksale von Löwen, Bären, Pferden, Orang-Utans und

von streunenden Katzen und Hunden – alles hautnah erzählt, sodass man nachvollziehen kann, wie diese Tiere gelitten haben und wie sie letztendlich aus ihrer Notlage befreit wurden. Die Geschichten stellen die Tiere in den Mittelpunkt, machen sie zu unseren Helden. Gleichzeitig berichten sie aber auch über unsere tägliche Arbeit im Tierschutz. Damit wollen wir zeigen, dass man mit persönlichem Einsatz und beherztem Eingreifen den Tieren eine Hoffnung und die Chance auf ein Leben ohne Leid und Qualen geben kann. Wir wollen deutlich machen, wie wichtig Tierschutz ist und dass jeder seinen Beitrag dazu leisten kann.

Ich wünsche Ihnen viel Spaß beim Schmökern – und viel Freude über die kleinen und manchmal auch großen Wunder, die unsere Arbeit so wertvoll machen.

Herzlichst,
Heli Dungler

INHALT

GOSHO

Wie der Bär nach einem langen Leidensweg begann, sich nur noch zum Vergnügen zu bewegen.

Es ist heiß hier! Gosho tanzt und tanzt! Vor ihm – das Schwarze Meer. Es schmeckt salzig, aber auch nach Freiheit. Der Bär wittert die Weite. Doch dann ist da wieder dieses Ziehen, dieser Schmerz, der ihm wie ein Blitz durch den ganzen Körper fährt. Also wieder tanzen, immer tanzen! Die Sonne brennt heiß auf sein Fell – hier, an dem Strand, wo er für Touristen Kunststücke aufführen muss …

Dunkle Tannenwälder, sanftes Moos unter den Tatzen oder ein kühler Herbstwind – nichts von all dem ist Gosho in seinem bisherigen Bärenleben vergönnt gewesen. Und da ist er plötzlich wieder: dieser stechende Schmerz! Dieses Dröhnen in seinen Ohren, wenn die Menschen, die um ihn stehen, johlen und klatschen. Gosho hat gelernt, sich davor zu schützen. In diesen Momenten zieht er sich in die Erinnerung zurück. In diesen Momenten ist er wieder in seinem alten Zoo, bei seiner Mutter, die ihn tröstet. Nur das hilft – nur der Blick zurück in eine kurze glückliche Zeit. Zwar hatten Gitterstäbe und kalter Beton seine Freiheit eingeschränkt,

aber immerhin konnte er in der Ferne seine Artgenossen wittern.

Eines Tages jedoch hatten die kräftigen Wärter im Zoo von Gabrovo in Bulgarien das Bärenbaby aus dieser Geborgenheit gerissen und an den Mann verkauft, bei dem Gosho bis zu diesem Zeitpunkt leben musste. Sein Name war Boris. Als er ihn zum ersten Mal sah, spürte der kleine Bär sofort, dass ihm ein schlimmes Schicksal bevorstand. Nichts konnte Boris rühren. Und mit Schrecken erinnert sich Gosho an die allerersten Grausamkeiten, die ihm sein Besitzer zugefügt hatte. Bis heute spürt er den Schmerz des rostigen Ringes in seiner empfindlichen Bärennase und die heißen Eisenplatten unter seinen Tatzen, auf die ihn Boris gestellt hatte, um ihn zum Tanzen zu zwingen. Bis heute hat er die Tage ohne Wasser und Futter nicht vergessen.

Irgendwann geht auch die Zeit am Schwarzen Meer zu Ende, zumindest für diesen Sommer. Gosho ist wieder einmal in der dunklen Enge eines Transporters unterwegs und wird an einen neuen „Einsatzort" gebracht, diesmal mitten in der lauten Stadt. Und da ist auch wieder dieses Gefühl des Ausgeliefertseins. Rund um ihn: Ungetüme aus Blech, die lärmen und stinken! Gosho kann sich nicht an die endlosen Autokolonnen gewöhnen. Aber Boris kennt auch hier, in den Straßen und engen Gassen Sofias, keine Gnade. Immer wieder treibt er den Bären an: „Gosho, tanz! Mach weiter, Gosho!" Wieder und wieder – jeder Befehl ist wie ein Hieb mit der Stahlrute. Schon das Hinaufklettern in die Straßenbahn bereitet ihm Schmerzen. Aber genau dort muss er Tag für Tag seine Darbietungen zeigen. Und die Menschen, in denen der Bär ein gutes Herz zu spüren glaubt, applaudieren auch noch dazu!

Doch dann ist er plötzlich da – der Tag, an dem sich alles zum Guten wendet! Gosho versteht zuerst nicht, was da gerade mit ihm passiert. Was wollen diese Menschen, die so freundlich mit ihm sprechen? Und warum zwängen sie ihn dann doch wieder in einen dunklen Transporter? Dass die Tierschützer von VIER PFOTEN nur sein Bestes wollen, erkennt

Gosho erst Stunden später. Als er endlich im TANZBÄRENPARK – einem Areal, das von VIER PFOTEN eigens für gerettete Tanzbären errichtet wurde – in Belitsa ankommt.

Um ihn herum ist alles grün. Erstmals nach vielen Jahren wittert er wieder Artgenossen. Ein seltsamer, aber doch auch vertrauter Geruch. Kurz denkt er an Boris. Doch der kann ihm hier und jetzt nichts mehr anhaben. Das spürt Gosho ganz genau – hier und jetzt beginnt sein neues Leben!

Nach einiger Zeit wiegt der einst so ausgehungerte Tanzbär 350 Kilo. Die meiste Zeit des Tages verbringt er mit Faulenzen. Umso größer ist da die Überraschung bei den Pflegern, als Gosho eines Tages im November seine erste Höhle gräbt. Obwohl er es als Jungtier nie erlernt hatte. Und obwohl im

TANZBÄRENPARK gleich mehrere warme, künstliche Winterbehausungen für die Tiere bereitstehen.

Instinktiv spürt Gosho die Freude seiner Pfleger, dass er aus eigenen Stücken die Krallen zum Graben einsetzt. Und dann ist da ja auch noch die Bärin Mariana, seine Gefährtin, die Gosho beeindrucken möchte. Zwar quält ihn manchmal noch die Erinnerung an die Vergangenheit und seine Nase schmerzt ab und zu noch von dem Ring, der ihm schon längst entfernt worden ist. Aber mit jedem neuen Tag, den er in Belitsa verbringt, verblassen die schlimmen Erinnerungen immer mehr. Gosho hat sich wieder aufgerichtet …

GOSHO

- *Geboren 1989 im Zoo von Gabrovo, Bulgarien.*
- *Im Alter von wenigen Monaten an Bärentrainer verkauft, von dem er mit glühenden Eisenplatten zum Tanzen dressiert wurde.*
- *Tanzeinlagen vor Touristen am Strand des Schwarzen Meers und in Straßenbahnen in Sofia.*
- *2001 gerettet und nach Belitsa gebracht.*
- *Mit 350 kg der größte Bär in Belitsa.*
- *Mit seiner Partnerin Mariana versteht sich Gosho blendend.*
- *Im November 2008 grub er zum ersten Mal seine eigene Höhle, obwohl er dies als Junges nie erlernt hatte.*

KIMBA

Seine Schutzengel waren schneller als die Gewehrkugeln der Jäger: Wie aus dem kleinen Löwen der König der Tiere wurde.

Kimba hat sich den höchsten Punkt in dem kleinen Gehege als Aussichtsplatz ausgesucht. Von hier, einem kümmerlichen Steinhaufen, kann er hinter dem riesigen Touristenparkplatz sogar noch ein kleines Stück der südafrikanischen Steppe sehen. Unruhig tänzelt der junge Löwe umher. Die Blicke der Menschen sind ihm unangenehm. Er wittert die Weite, das Wild und die Freiheit. Stolz richtet sich Kimba auf. Und stolz blickt er die Wärter an. Denn trotz der jahrelangen Gefangenschaft hinter den Gittern der Zuchtfarm ist Kimba ein freiheitsliebendes Tier Afrikas geblieben. „Nichts und niemand wird mich hier festhalten können", hat er sich geschworen.

Kimba teilt sein Leben mit der Löwin Elsa. In den langen Nachtstunden haben sie einander ihre Leidensgeschichten zugeraunt. Elsa ist eine Zuchtlöwin. Während eine Löwin in freier Wildbahn alle zwei Jahre Junge zur Welt bringt, muss Elsa zweimal im Jahr gebären! Bereits wenige Tage nach der Geburt werden die Löwenbabys von der Mutter getrennt und dann als „Fotomodelle" und Streicheltiere für ahnungslose Touristen missbraucht, ehe sie an Jäger verkauft werden. Sowohl für die Jungen als auch für die Mutter ist diese Trennung sehr schmerzhaft.

Eine Zeit lang hatte auch Elsas Tochter Angel, die Anzeichen von Inzucht aufweist, gemeinsam mit Kimba und ihrer Mutter in dem Gehege gelebt. Bis die Wärter eines Tages entschieden: „Wir müssen das hässliche Junge hier endlich wegbringen. Die Leute wollen keine kranken Löwen sehen." Angel wurde weggesperrt. Als Touristenattraktion war sie nicht zu gebrauchen und daher wurde sie in Einzelhaltung in einem engen Gehege hinter den Kulissen untergebracht. Diese Trennung hat Elsas Herz gebrochen.

Auch Kimba war bereits als Baby seiner Mutter entrissen worden. Nächtelang hatte der Kleine nach ihr gerufen und sich nach ihrer Nähe gesehnt. „Wer seid ihr?", hatte er seine Wärter mit traurigen Augen fragend angeblickt. Sie waren nicht grob zu ihm und er bekam auch ausreichend Futter. Doch das Gefühl des Verlassenseins ist für immer geblieben – vor allem nachts, wenn draußen in der Steppe Afrikas von fern das Brüllen der freien Artgenossen zu hören ist.

Was der junge Löwe nicht wissen kann: Für ihn ist ein noch viel schlimmeres Schicksal vorgesehen. Kimba wurde als Trophäenlöwe für die sogenannte Gatterjagd gezüchtet. Bei dieser Art von Jagd werden halbzahme Löwen, oft solche, die bereits als

Fotomodelle herhalten mussten, für einige Stunden in einem weiten Gehege ausgesetzt, wo sie nichts ahnend in den sicheren Tod laufen. Denn die Jagdtouristen, die viel Geld dafür bezahlen, nur um mit einer Trophäe nach Hause zurückzukehren, werden mit Jeeps auf dem Gelände direkt in Schussweite gefahren. Die Tiere werden dafür vorab im Internet angeboten und auch Kimbas Foto war so binnen Stunden um die Welt gegangen.

Viele Löwen vor ihm hatte dieses Schicksal ereilt – mächtige Tiere mit prächtiger Mähne, ehemalige Zuchtlöwinnen und sogar Jungtiere, die zu schwer geworden waren, um sie den Touristen in die Arme zu drücken. Dass Kimba dies erspart geblieben ist, hat er VIER PFOTEN zu verdanken. Die beherzten Tierschützer, die seit Jahren versuchen, ein Verbot der mehr als 160 Jagd- und Zuchtfarmen Südafrikas, auf denen etwa 4.000 Löwen leben, zu erreichen, hatten ihn und seine Leidensgenossen Elsa und Angel gerade noch rechtzeitig befreit. In LIONSROCK genießt Kimba nun einen weiten Blick auf die Steppe Südafrikas und seine schönen Berge.

Kimba kann sich glücklich schätzen – er hat überlebt! Nicht alle Löwenbabys schaffen das. Aus Kimba ist ein großer, starker Löwe geworden. Er ist der Gatterjagd entkommen und hat in LIONSROCK ein Löwenparadies auf Erden gefunden.

KIMBA

- *Geboren 2002 in Südafrika.*
- *Als Trophäenlöwe für die Gatterjagd (Canned Hunting) gezüchtet.*
- *War im Internet schon mit Porträtfoto zum Abschuss angeboten.*
- *Lebt in LIONSROCK gemeinsam mit den Löwinnen Elsa und Angel.*

www.orangutan.or.id

MISRI

Wie der kleine „Waldmensch“ Ast für Ast die Baumkrone erklimmt und seine traurige Vergangenheit am Waldboden zurücklässt.

Durch das Dickicht des Regenwaldes in Borneo dringt kaum mehr Licht, als die Sonne glühend untergeht. „Du hast heute viel gelernt", flüstert die Mutter zärtlich dem kleinen, erst einige Monate alten Orang-Utan ins Ohr. Müde, aber glücklich sieht er sie an und kuschelt sich in ihrem gemeinsamen Schlafnest eng an sie. Die Umrisse der beiden verschwimmen allmählich mit dem dunklen Farbengewirr des Regenwaldes, bis sie beinahe nicht mehr zu sehen sind. Und doch spürt Misri den schützenden Blick seiner Mutter. In ihrer Umarmung fühlt er sich geborgen. „Hier will ich bleiben!", flüstert er zufrieden.

Aber schon am nächsten Morgen ist alles anders. Laute Geräusche haben die beiden geweckt. Statt wie gewöhnlich nach dem Aufwachen noch etwas im Nest zu kuscheln und zu spielen, hastet Misris Mutter sofort los. „Sei jetzt ganz still!", wispert sie ihm zu. Dann versichert sie sich, dass er sich fest angeklammert hat, und eilt leise über die ihr so vertrauten Äste davon. Weg von dem Lärm, zu dem sich jetzt auch noch die Stimmen mehrerer Männer hinzugesellt haben.

Doch schon am nächsten Tag werden die beiden davon wieder eingeholt. Misri weiß nicht mehr, wie viele Tage sie schon auf der Flucht sind. Er hat keine Zeit mehr zum Spielen. Aus Angst, entdeckt zu werden, können er und seine Mutter nicht wie sonst nach Nahrung suchen und bei einem Gewitter einen Regenschutz bauen. Die beiden werden immer schwächer und niedergeschlagener. Es scheint kein Entrinnen zu geben. Plötzlich passiert es: Ein lauter Knall, dann ein zweiter und ein dritter – Schüsse! Dieser Augenblick verändert alles.

Eingesperrt in ein dunkles Verlies und krank vor Angst und Sehnsucht nach seiner Mutter weiß Misri kaum mehr, was danach geschah. Er erinnert sich an den Geschmack von Blut in seinem Mund. An ein Fallen aus großer Höhe, angeklammert an seine reglose Mutter. An grobe Hände, die ihn gewaltsam von ihr losreißen. Dann nur noch: Dunkelheit, Enge und Durst.

Als die Behörden Misri endlich aus seiner Gefangenschaft befreien und über die Pforten der Orang-Utan-Rettungsstation „Samboja Lestari" tragen, sind die Pfleger über den Zustand des kleinen, völlig verängstigten Orang-Utans entsetzt: Sein schütteres Fell verdeckt kaum den abgemagerten Körper und seine Augen huschen furchtsam hin und her.

Außer Misri haben 220 weitere Orang-Utans Zuflucht in der Rettungsstation gefunden. Mit der Unterstützung von VIER PFOTEN hat die BOS-Stiftung eine Auffangstation für Orang-Utans geschaffen, wo sich die Kleinen wieder langsam an das Leben herantasten, aus dem sie so grausam gerissen wurden. Dabei haben sie Glück, überhaupt mit dem Leben davongekommen zu sein. Die Orang-Utans in Borneo sind vom Aussterben bedroht: Es wird geschätzt, dass noch rund 50.000 ihrer Art in den Regenwäldern leben. Vor 20 bis 30 Jahren waren es noch 250.000 „Waldmenschen" (so die Übersetzung des Wortes „Orang-Utan" aus dem Indonesischen). Der Grund dafür ist, dass der Regenwald durch Abholzung von Jahr zu Jahr immer kleiner wird und die Orang-Utans ihre Heimat verlieren. In etwa 20 Jahren könnten sie daher schon ausgestorben sein.

Die Auffangstation ist eine der letzten Zufluchtsstätten für diese Tiere, deren größter Feind der Mensch ist – und das, obwohl die jungen Orang-Utans den Menschenkindern gar nicht so unähnlich sind: Auch sie brauchen Liebe, Zuneigung, Wärme. Auch sie besuchen einen Kindergarten und später, wenn sie alt genug sind, eine Waldschule. Denn den Menschenaffen ist das Wissen um das Überleben nicht angeboren. Anstelle ihrer Mütter zeigen ihnen in Samboja Lestari menschliche Pflegemütter, wem sie trauen

dürfen und wem nicht. Und unter genauer Anweisung lernen die wissbegierigen Kleinen, wie sie ihre Nahrung zu suchen haben.

Misri aber will von alledem nichts wissen. Völlig verängstigt baut er sich Pappkartonburgen, in die er sich zum Schlafen verkriecht. Immer wieder schreckt er nachts von Albträumen geplagt auf. „Ich will zu meiner Mama!", ruft der kleine Menschenaffe dann völlig verzweifelt. Und während seine Artgenossen lernen, auf Bäume zu klettern und dort, hoch über dem Boden, ihre Schlafnester zu bauen, sitzt Misri verstört in seiner Schlafecke hinter Dutzenden Pappkartons und rührt sein Frühstück nicht an. Die tiefe Trauer um seine Mutter, die schlimmen Erinnerungen an den Überlebenskampf im Käfig der Jäger, all das kann Misri nicht vergessen.

Nur ganz langsam gelingt den einfühlsamen und geduldigen Betreuern das Unglaubliche: Der kleine Waldmensch beginnt allmählich seinen Pflegern zu vertrauen. Als er wenig später zum ersten Mal auf einem Ast schwingt und dabei vor Freude strahlt, sieht er, wie sich viele Meter unter ihm seine Betreuer umarmen. Einer glücklichen Zukunft steht nun nichts mehr im Wege!

„Ich will auch schon in die Schule!", quietscht Misri vergnügt und beißt fröhlich in eine Frucht. Wenn er sich weiterhin so prächtig entwickelt, wird er sich in seiner zukünftigen Heimat, einem sicheren Wald, ganz bestimmt wohlfühlen.

Im Mai 2012 können die ersten Absolventen die Waldschule verlassen und in einem riesigen, geschützten Regenwald freigelassen werden. Die erste Zeit werden sie auch dort von Pflegern beobachtet, die den Orang-Utans in der ungewohnten Umgebung zu Hilfe eilen, wenn Hilfe notwendig ist. Mittels eines Funksenders kann zu jeder Zeit festgestellt werden, wo sich jeder einzelne Schützling gerade aufhält.

Auch Misri wird einmal der Obhut des Waldes übergeben werden. Langsam wird er sich an die ungewohnte Umgebung herantasten, wird neue Baumkronen erkunden, prüfen, ob die Äste sein Gewicht tragen, und die Aussicht genießen, bevor er seinen Schlafplatz baut. Und wenn sich dann die Pfleger der Rettungsstation Samboja Lestari endgültig zurückgezogen haben, wird Misri ein ganz normaler Orang-Utan sein. Nichts wird mehr von dem erlebten Unglück und den Qualen zeugen. Nichts außer einem zufriedenen Lächeln und einem leisen „Danke, liebe Pflegemama!", das Misri in den Wald flüstert. Er wird sich glücklich umschauen und sagen: „Hier will ich bleiben!"

MISRI

- *Misri lebte die ersten Monate von seiner Mutter umsorgt, bis diese von Wilderern getötet wurde.*
- *Die Wilderer nahmen Misri mit und hielten ihn als Haustier.*
- *Von den Behörden beschlagnahmt und in die Orang-Utan-Rettungsstation Samboja gebracht.*
- *In der Waldschule von Samboja lernen die Waisen das Wichtigste zum Überleben: wie Nahrung aussieht, wo man sie findet und wie man Schlafnester in den Wipfeln baut.*
- *Sobald Misri selbstständig überleben kann, wird auch er ausgewildert.*

MONTI

Wie ein Bär den Spaß am Leben entdeckt und seinen Pool zum Graben nützt.

Monti ist ein Bär mit Geschichte, dessen Leben mit einem Schicksalsschlag begann und der heute im TANZBÄRENPARK Belitsa in Bulgarien, der ursprünglich für gerettete ehemalige Tanzbären errichtet wurde, ein neues Zuhause gefunden hat. Hier kann er sich wann immer er möchte im Gras wälzen, in einem Teich baden, seine Krallen schärfen oder das tun, was er am liebsten macht – graben, graben, graben! Hier geht es ihm gut. Doch das war nicht immer so.

Der erste und wohl härteste Schicksalsschlag für den kleinen Bären war der Verlust seiner Mutter. Monti war kaum älter als drei oder vier Monate, als er das erste Mal mit ihr die vertraute Bärenhöhle verließ, um die Welt zu entdecken. Plötzlich – ein Knall! Ein Jäger hatte seine Mutter getötet. Das Junge begriff nicht, was gerade geschehen war. Aber es spürte die Gefahr. Ein Knacken im Unterholz – nur weg von hier! Schnell zurück in die Höhle, in der es noch so sehr nach seiner Mutter roch.

Doch Monti konnte seinem Verfolger nur kurz entkommen. Rasch hatte er ihn in seinem Versteck aufgestöbert. „Ich will hier nicht weg! Das ist doch mein warmes Bärennest", protestierte der Kleine kläglich brummend, als ihn grobe Menschenhände griffen und in eine fremde Welt verschleppten – in ein Hotel nach Russe, weit weg von seinen Heimatwäldern. Dort lebte das Bärenkind fortan in einem kleinen Verschlag und wurde als Hotelattraktion missbraucht. Täglich kamen Menschen, um es zu begaffen – und wenn es einmal einfach nur kraftlos auf dem Boden lag, warfen Kinder Steine nach ihm. „Lasst mich doch in Ruhe", flehte Monti sie mit seinen schwarzen Kulleraugen stumm an. Immer wieder blickte er hoch zu dem kleinen Fenster, durch das die Sonne in sein Gefängnis schien. Sie war sein einziger Lichtblick!

Stundenlang starrte Monti zum Fenster empor. Und wenn die Sonne unterging, wusste er, dass wieder ein Tag vergangen war. Regungslos kauerte er dann in einer Ecke des winzigen Raumes, der nass und völlig verschmutzt war und nie ausgemistet wurde. Zu fressen bekam er die Abfälle des

Hotels. Die Zustände, unter denen das hilflose Bärenjunge leben musste, waren schrecklich. Niemand wollte etwas dagegen unternehmen. Niemand kümmerte sich um ihn.

Doch eines Morgens, als er überhaupt nicht damit gerechnet hatte, standen plötzlich die Bärenretter von VIER PFOTEN im Hotel! Zunächst hatte Monti nur aufgeregtes Stimmengewirr gehört, dann waren eilige Schritte immer näher gekommen. Nervös lief Monti hin und her. Noch wusste er nicht, was da jetzt mit ihm passierte. Doch dann – freundliche und beruhigende Stimmen. Montis Angst wich freudiger Erwartung.

Die Tierschützer brachten den kleinen Bären zunächst in eine Ambulanz nach Sofia, wo er gründlich untersucht und notversorgt wurde. Dann ging es weiter – in den TANZBÄRENPARK Belitsa! „Jetzt bin ich endlich ein freier Bär!", rief Monti überglücklich. Doch bis dahin sollte es noch ein weiter Weg sein. Denn mit Ausnahme seiner Mutter hatte der kleine Bär noch nie andere Artgenossen gesehen. Niemand hatte ihm beigebracht, was ein Bärenkind zum Überleben in der Freiheit des Waldes braucht – wovor es flüchten sollte, wie er Futter finden konnte oder was Regen ist.

„Langsam, Monti!", zügelten die Pfleger den Tatendrang ihres jüngsten Schützlings. Der kleine Bär musste erst alles in Ruhe kennenlernen. Denn Monti war ja nur an Menschen und ein paar Quadratmeter Beton gewöhnt. Das Leben in der Natur war ihm völlig fremd. Der Kontakt mit den anderen Bären sollte zunächst Zaun an Zaun stattfinden, um seine Reaktion abzuwarten. Und um zu sehen, wie er sich zurechtfinden würde.

Was gab es nicht alles zu entdecken in Belitsa! Spezielle Futterbälle zum Spielen. Prall gefüllt mit köstlichen Leckerbissen wie Nüssen oder Karotten. Ein Teich zum Schwimmen und Bäume, auf die man klettern konnte. Monti machte von Tag zu Tag größere Fortschritte, wälzte sich glücklich im Gras und gewöhnte sich schnell an das Leben unter freiem Himmel. „Bravo, Monti! Gut

gemacht, kleiner Bär!", ermutigten die Pfleger ihn immer wieder.

Seitdem ist ein Jahr vergangen und Monti hat sich hervorragend entwickelt. Manchmal denkt er noch an seine Mutter, die ihm so grausam genommen worden war. Aber die Freude über sein neues Leben ist groß: keine Gefangenschaft, keine Abfälle, keine Hänseleien oder Gemeinheiten der Menschen. Was er am liebsten macht? Das ist nicht schwer zu erraten, wenn man sein Gehege betrachtet – graben, graben, graben! Monti ist ein toller Gräber. Auch unter dem künstlichen Badeteich wollte er eine Höhle graben. Dabei ist er auf ein Rohr gestoßen, das er natürlich gleich als Spielzeug benutzte – sehr zur Verärgerung der Parkleitung, denn die Kosten für die Reparatur waren enorm. Für seine Pfleger aber hat Monti damit den endgültigen Beweis erbracht, dass er zu einem aufgeweckten Bären herangewachsen ist!

MONTI

- *Geboren im Jänner 2009, gerettet im Juni 2010.*
- *Der jüngste Bär, der bis jetzt in Belitsa aufgenommen wurde.*
- *Monti war nur etwa 3–4 Monate alt, als seine Mutter erschossen wurde.*
- *Wurde in einem Hotel in Russe / Bulgarien in einem 10 m² kleinen Verschlag als Attraktion gehalten und bekam die Abfälle des Hotels zu fressen.*
- *Auf Hinweise von Tierschützern an VIER PFOTEN wurden die Behörden alarmiert und Monti beschlagnahmt.*
- *Nach 1 Jahr wog er 95 kg und hatte 8 cm lange Krallen.*

WILDPFERDE

Drei Schicksale, drei Pferde, unzählige Wunden: Wie Jake, Taifun und Sami trotz aller Widrigkeiten zurück ins Leben fanden.

JAKE

Starr vor Angst steht das kleine Fohlen da, als es das Messer sieht. Plötzlich spürt es einen unerträglichen Schmerz. Jake reißt den Kopf hoch. „Warum tut ihr mir das an? Was habe ich euch denn getan?", ruft er verzweifelt. Aber er bekommt keine Antwort. Denn es gibt keine Antwort und auch keine Entschuldigung für das, was gerade mit ihm geschieht. Jake ist das Opfer eines dummen Nachbarschaftsstreits. Obwohl Tierquälerei in Rumänien verboten ist, unternimmt die Polizei nichts, wenn wie hier ein unschuldiges Fohlen und zwei weitere junge Pferde misshandelt werden.

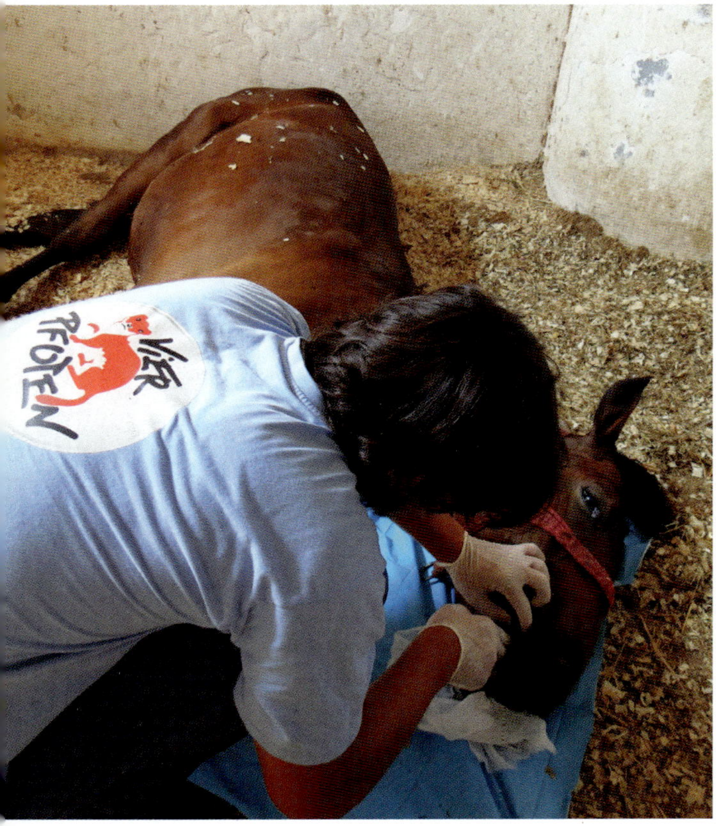

Das Schicksal von Jake, Shila und Szelid hätte ein böses Ende genommen, wäre ihnen nicht VIER PFOTEN zu Hilfe gekommen. Der Tierarzt im Bezirk Drajna hatte Jake bereits aufgegeben – zu schwer schienen seine Verletzungen. Doch die Ärzte von VIER PFOTEN zögern nicht und bringen ihn gemeinsam mit Shila und Szelid nach Corbeanca, in einen Pferdehof in einem Randbezirk von Bukarest, wo gerettete Pferde und Esel medizinisch betreut, gefüttert und versorgt werden.

Die Lage ist ernst. Jake muss sofort operiert werden: Das Messer hat seine Zunge verletzt. Misslingt die schwierige Operation, kann er weder kauen noch schlucken. Die Stimmung ist gedrückt. Dann, endlich, viele Stunden später: gute Nachrichten – die Operation war erfolgreich!

Jake wiehert schwach, seine Nüstern heben sich leicht. „Danke!", flüstert er leise. Wenig später kann er wieder zu seinen beiden Freunden Shila und Szelid, die ihn zur Begrüßung sanft mit der Nase anstupsen. Das Wiehern des Fohlens klingt schon etwas lauter. Und auch das VIER PFOTEN Team ist zuversichtlich: Zwar wird Jake anfangs noch Schwierigkeiten beim Fressen haben und

spezielles Futter brauchen, aber schon bald wird er keine Schmerzen mehr haben und wieder über grüne Wiesen tollen.

Für eine Weile wird das junge Pferd noch in Corbeanca bleiben. Dann kann es zur Adoption freigegeben werden und nach Abschluss eines Schutzvertrages bei Tierfreunden, die von VIER PFOTEN geprüft werden, ein neues und glückliches Leben beginnen.

Jakes Rettung ist jedoch nur ein kleiner Sieg im Kampf gegen die Tierquälerei. In vielen Ländern wird den Bedürfnissen von Tieren kaum bis gar nicht Rechnung getragen. VIER PFOTEN hat es sich zur Aufgabe gemacht, das zu ändern und den Tieren zu helfen. Denn für die Tierschützer steht fest: Jedes Leben, das gerettet werden kann, ist ein Wunder! Gleichzeitig ringen die Helfer darum, bei Kindern und Erwachsenen die Liebe zu Tieren und ein Verständnis für deren Bedürfnisse zu wecken. Die Tierschützer wollen das Bewusstsein der Menschen verändern und ihnen zeigen, dass Tiere sehr feinfühlige Lebewesen sind, die wie wir Schmerzen, Freude und Trauer empfinden.

Wenn Jake heute die Augen schließt, sieht er manchmal wieder das Messer und spürt erneut den Schmerz. Dann legt er sich traurig in das weiche Heu, bläst die Luft aus seinen Nüstern und denkt nach. Denn während seine Narben allmählich verblassen, quält ihn immer noch die Frage, auf die er einfach keine Antwort findet: „Warum habt ihr mir das angetan? Was habe ich euch getan?"

Das junge Pferd kann einfach nicht verstehen, dass es einigen Menschen egal ist, wenn unschuldige Tiere gequält oder sogar getötet werden. Dass Jake den Menschen dennoch nicht misstrauisch begegnet, ist seiner Gutmütigkeit und vor allem den Helfern von VIER PFOTEN zu verdanken. Sie haben ihm nicht nur das Leben gerettet, sondern auch neues Vertrauen geschenkt.

Gemeinsam mit Shila und Szelid beobachtet Jake seine Retter. Die drei sehen einander

stillschweigend an und alle haben sie denselben Gedanken: „Ihr habt uns gezeigt, dass es eine schönere Zukunft geben kann!“

JAKE

- *Das Fohlen Jake wurde im rumänischen Bezirk Drajna mit dem Messer verletzt.*
- *Von VIER PFOTEN Ärzten nach Corbeanca gebracht und einer stundenlangen Operation unterzogen.*
- *Nach gelungener OP sorgte Jakes Fall für nationale Medienaufmerksamkeit.*
- *Jake hat sich gut erholt und ist jetzt wieder wohlauf.*

TAIFUN

Ausgelassen galoppiert der Rappe die Schwarzmeerküste entlang und streift durch die Wälder Leteas. Bei Sonnenuntergang kehrt er zufrieden zu seiner Herde zurück. Die Beziehungen innerhalb der Herde sind für Pferde sehr wichtig. Sie geben ihnen das Gefühl von Sicherheit – so wie es sein sollte! Wildtierverbände sind heute in Europa sehr selten. Umso schöner ist es, eine Herde wie diese in der großartigen Naturlandschaft des rumänischen Donaudeltas zu sehen. Für Taifun ist ein Traum wahr geworden. Dass er hier tiergerecht leben kann, hat er VIER PFOTEN zu verdanken!

Doch das war nicht immer so. Der schwarze Hengst hat Schlimmes erlebt und die Spuren der Vergangenheit sind immer noch als tiefe Narben auf seinem Rücken sichtbar. Männer auf Motorrädern hatten ihn gemeinsam mit 70 anderen Wildpferden eingekesselt und in einen Pferch, ein viel zu kleines, von einem Zaun umgebenes

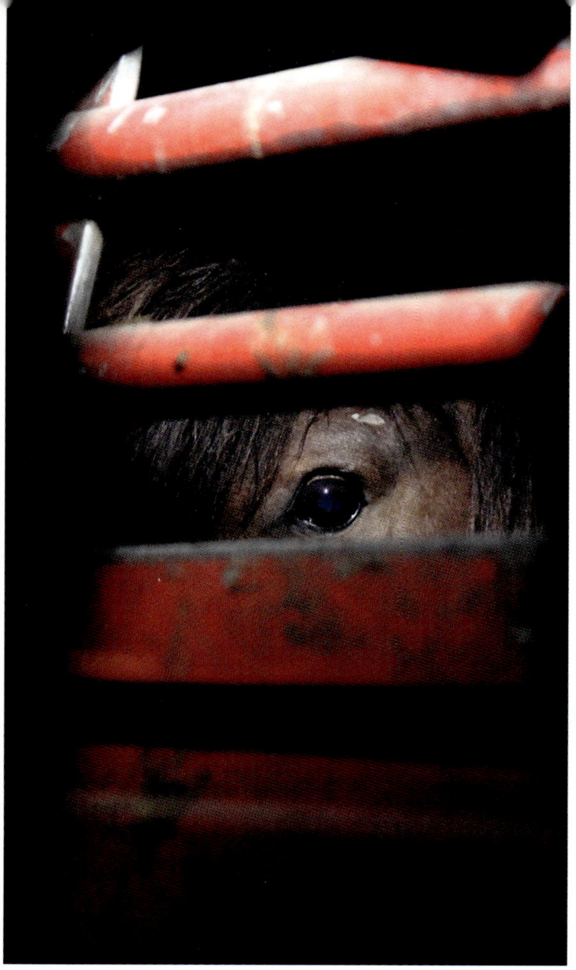

Weidestück, getrieben. Dort wurden sie ohne Futter und Wasser gefangen gehalten. Die Landbesitzer hatten die Tiere eingefangen, um sie an einen Schlachthof zu verkaufen und sich an ihnen zu bereichern.

In ihrem engen Gefängnis konnten die hungernden Pferde einander nicht ausweichen und es kam zu bösen Rangkämpfen, bei denen sich die Tiere der verschiedenen Herden oft gegenseitig verletzten. Immer noch denkt Taifun voller Angst an diese Zeit zurück. Ganz besonders schlimm war es für ihn, als sein damaliger Gefährte, ein Dunkelfuchs, angekettet an einen Zaunpfosten, an einer Darmkolik starb. Wie gerne hätte er ihm geholfen. Immer wieder erinnert er sich an die letzten Worte seines Freundes: „Überlebe!"

Taifun wollte überleben! „Ich gebe die Hoffnung nicht auf. Ich habe es meinem Freund versprochen!", flüsterte er immer wieder. Aber die Lage der gefangenen Tiere wurde immer schlimmer: Weitere Pferde starben an Koliken. Die Rangkämpfe wurden immer heftiger. Taifun hatte Angst. Er vermied alle Streitigkeiten und kehrte den anderen Pferden meist den Rücken zu. So gut es ging, versuchte er ruhig zu bleiben und sich selbst Mut zuzusprechen. Die meiste Zeit über lag er auf der kalten Erde und sein Bauch schmerzte vor Hunger. Noch nie zuvor hatte sich der Hengst so machtlos gefühlt. Alles Wiehern und Flehen war umsonst!

Nach einer Woche wurden die Pferde mit dem Schiff nach Tulcea gebracht. Was sie dort, nach einer weiteren mühsamen Lkw-Fahrt erwarten würde, war allen klar: der Schlachthof! Schwach, völlig erschöpft und ohne jede Hoffnung lagen die meisten krank auf dem Boden. Aber wieder einmal zeigte sich: Man darf die Hoffnung niemals aufgeben! Zahlreiche Tierschützer und Journalisten, die von ihrer Geschichte erfahren hatten, waren gekommen, um ihnen zu helfen und sie zu befreien! Dieser Augenblick war einer der schönsten Momente in Taifuns Leben!

Dank VIER PFOTEN wurde der Transport in den Schlachthof abgebrochen und die Pferde kamen in die Obhut der Tierschützer. Insgesamt konnte die Hilfsorganisation das Leben von 41 Wildpferden retten – unter ihnen Taifun! Noch vor Ort kümmerten sich Ärzte um die misshandelten und fast verhungerten Tiere. Taifuns Wunden wurden versorgt. Langsam erholte sich der Rappe und kam wieder zu Kräften. Nach diesen ersten Sofortmaßnahmen entwarf VIER PFOTEN einen langfristigen Rettungsplan, der vorsieht, das Naturschutzgebiet Letea auf Dauer als Lebensraum für die Pferde zu erhalten.

Im September 2011 konnten Taifun und 21 weitere Pferde zuerst mit Lastwägen, dann mit der Fähre und schließlich erneut mit Lastwägen nach Letea zurückgebracht

werden, wo sie noch für einige Zeit von ihren Rettern beobachtet, versorgt und gefüttert wurden. Einen Monat später kamen auch die restlichen Pferde, um die man sich in der Zwischenzeit ebenfalls gekümmert hatte, wohlbehalten im Donaudelta an. Die Tiere wurden in ihrem früheren Lebensraum wieder freigelassen. VIER PFOTEN sorgt weiterhin dafür, dass sie dort in Sicherheit leben können, und liefert bei Bedarf zusätzliches Futter.

Der Anblick Taifuns in Freiheit ist für die Helfer die schönste Belohnung. Der schwarze Hengst hat nie aufgegeben. Und so wie er immer im Herzen der Tierfreunde von VIER PFOTEN einen Platz haben wird, wird er diese immer in seinem Herzen tragen und sie niemals vergessen!

TAIFUN

- *Donaudelta: Wilde Pferde grasten in sensibler und streng geschützter Pflanzenwelt, Behörden plädierten für Abschuss.*
- *Etwa 70 wilde Pferde im rumänischen Donaudelta von Landbesitzern auf Motorrädern eingekesselt, gefangen und eine Woche lang ohne Futter und Wasser gehalten – unter ihnen auch der schwarze Hengst Taifun (ca. 7–10 Jahre alt).*
- *VIER PFOTEN Mitarbeiter konnten die Freilassung der Tiere erwirken.*

SAMI

Hässlich und von niemandem geliebt! Wie einsam er sich fühlt, wie verlassen und verstoßen – denn da ist niemand auf dieser staubigen Landstraße. Riesige Lastwagen brausen unablässig mit lautem Gedonner an ihm vorbei. Und hätte Sami, das kleine verwahrloste Fohlen, die für ihn so fremden Buchstaben entziffern können, dann hätte er gewusst, dass er in Amarastii de Jos ist – irgendwo in Südwestrumänien. Ein Tritt hatte Sami aus dem Stall befördert. Und ein weiterer auf diese Landstraße im Nirgendwo. Was ihm der Mann ins Ohr gebrüllt hatte? Sami hatte es nicht verstanden. Doch sein Instinkt sagt ihm: Du hast jetzt niemanden mehr!

„Wo bin ich nur? Wo bin ich nur?" Witternd hält das Fohlen seine Nüstern in den Wind – und findet doch keine Antwort. Sami ist traurig und erschöpft. Und er hat schreckliche Angst vor all den Geräuschen, die ihn umgeben und denen er zu entkommen versucht. Noch tragen ihn seine schwachen Beinchen. Noch stolpert er am Straßenrand dahin.

Manchmal begegnet er anderen Pferden. Doch die Menschen treiben sie unbarmherzig an. Laut knallen die Peitschen, noch lauter die gebrüllten Befehle der Kutscher. Dann sind die Pferdekarren, von denen es in dieser Region noch viele gibt, auch schon wieder fort. Sami ist wieder alleine. Und dann ist da noch der Hunger.

„Leg dich doch einfach hin und schlafe", raunt eine innere Stimme Sami zu. Doch der ahnt instinktiv, dass das sein Ende wäre. Also stakst er weiter. Weiter auf der staubigen Landstraße – mit all dem Müll am Straßenrand, den spitzen Glasscherben und jeder Menge anderem Unrat. Der Hunger wird immer stärker. Aber selbst wenn Sami einen Apfel finden würde, ist er noch zu klein, um feste Nahrung zu sich zu nehmen. Ohne die Milch seiner Mutter wird er bald verhungern.

Doch das Schicksal meint es gut mit dem Fohlen. Samir und sein kleiner Bruder, zwei Roma-Kinder, stehen plötzlich vor ihm. Sie streicheln Sami und teilen sogar mit ihm ihre

Schulmilch, die das hungrige Fohlen gierig trinkt. Mit einem Mal ist die Welt wieder schön! Von nun an wartet Sami jeden Tag vor der Schule auf die beiden Buben, die ihm jedes Mal etwas von ihrer Schulmilch abgeben. Ganze acht Tage wird Sami so durchgefüttert. Der Fürsorge der beiden hat das Fohlen sein Leben zu verdanken.

Und erneut ist das Glück auf seiner Seite! Denn eines Tages, als Sami wieder einmal vor der Schule auf Samir und seinen Bruder wartet, steht plötzlich eine Frau vor ihm. Ihr Name ist Elena. Sie hatte damals gehört, wie sein ehemaliger Besitzer Sami aus dem Stall vertreiben wollte, weil er angeblich zu klein und zu hässlich und seine Beine zu krumm waren, hatte diese Geschichte aber nicht glauben können. Als sie dann jedoch

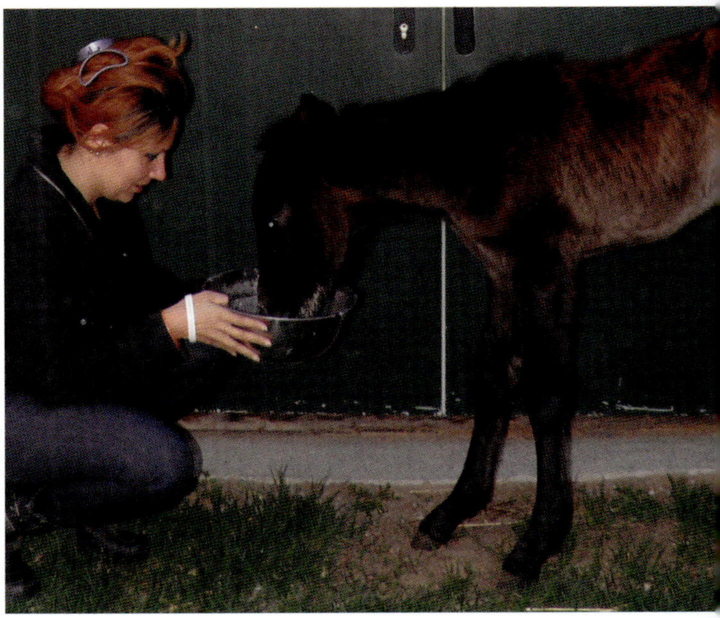

bemerkte, dass der Stallbesitzer seinen Plan tatsächlich umgesetzt hatte, war ihr das Leid des hilflosen Fohlens so zu Herzen gegangen, dass sie sich auf die Suche nach ihm machte und nicht aufgab, bis sie es schließlich hier vor der Schule fand. „Ich bin so glücklich, dass ich dich endlich gefunden habe", flüstert sie Sami ins Ohr.

Vorerst ist für das verstoßene Fohlen alles gut. Aber nun gilt es, einen Platz zu finden, an dem Sami für immer bleiben kann. Denn Elena hat weder das Geld noch den Platz, um Sami bei sich aufzunehmen. Also startet sie über Facebook einen Hilferuf, der sich schnell verbreitet und schließlich auch die Tierschützer von VIER PFOTEN erreicht. Sofort stimmen sie zu, Sami zu helfen! Und tatsächlich findet sich in der Nähe von Bukarest ein Reitklub, der bereit ist, das Fohlen aufzunehmen. Der Abschied fällt Samir und seinem Bruder nicht leicht, aber sie wissen, dass Sami dort ein gutes Zuhause erwartet.

In seinem neuen Stall findet niemand das Fohlen mit den krummen Beinen, das mittlerweile ganz schön groß geworden ist, hässlich. „Sami bekommt jeden Tag Besuch und wird von allen geliebt. Alle wollen ihn sehen und streicheln", erzählt Robert, Pferdeexperte von VIER PFOTEN. Das kleine Fohlen wiehert zustimmend. Sami hat endlich sein Pferdeglück auf Erden gefunden!

SAMI

- *Geboren 2012 im südwestrumänischen Dorf Amarastii.*
- *2 Tage nach der Geburt auf die Straße gesetzt, da sein Besitzer ihn zu hässlich fand.*
- *2 Kinder fanden Sami und fütterten ihn mit der Milch, die sie in der Schule bekommen hatten.*
- *Elena, die die Aussetzung beobachtet hatte, suchte nach Sami und nahm ihn zunächst bei sich auf.*
- *Elena suchte via Facebook Hilfe für Sami.*
- *Ein Reitklub in der Nähe von Bukarest nahm Sami auf (VIER PFOTEN trägt bis auf Weiteres Futter- und Stallkosten).*
- *Sami hat sich wieder gut erholt und ist zu Kräften gekommen.*

BAGIRA

Tausend Gitterstäbe waren ihre Welt: Wie die alte Löwendame ihr erstes tierisches Abenteuer erleben durfte.

Müde schlägt die alte Löwin die Augen auf – nur um die Sonne hinter den Gitterstäben aufgehen zu sehen. Sie weiß: Ein weiterer unerträglicher Tag im Käfig steht ihr bevor. Doch was sie nicht weiß: Womit sie ihr Schicksal verdient hat!

„Bitte helft mir!“, wimmert die 17-jährige Bagira den wenigen Besuchern des bulgarischen Zoos zu. Sie ist so schwach – viel zu leise dringt ihr Hilferuf durch die rostigen Stäbe, die ihr viel zu kleines Zuhause begrenzen. Der Käfig ist so eng, dass Bagira die meiste Zeit des Tages auf dem feuchten und völlig verschmutzten Boden liegen muss. „Seht ihr nicht, dass ich leide?“, hatte sie früher oft geklagt. „Hier bin ich – und es geht mir schlecht!“ Doch die einsame Löwin hat gelernt: Niemand hört ihr zu. Niemand sieht sie. Niemanden interessiert ihr Schicksal. Doch Bagira sollte sich irren.

Als die Helfer von VIER PFOTEN das einstmals so stolze Tier finden, sind sie entsetzt. Die Folgen der grausamen Haltung sind deutlich zu sehen: Bagiras Wirbelsäule ist verkrümmt, ihre Knochen sind brüchig und ihr gesamter Körper ist mit offenen Wunden übersät. VIER PFOTEN muss schnell handeln, sonst droht die Löwin an ihren Verletzungen zu sterben!

In großer Eile gelingt es den Helfern, die verstörte Großkatze aus dem Privatzoo Pavlikeni zu befreien und zunächst nach Sofia zu bringen, wo sie besser notversorgt werden kann. Dort kämpfen Bagiras Retter um das Leben der Löwin. Dort soll sich entscheiden, ob sie umsonst so lange in ihrem Gefängnis ausgeharrt hat.

Und tatsächlich: Nach wochenlanger Pflege verbessert sich Bagiras Zustand so weit, dass sie nach LIONSROCK in Südafrika überstellt werden kann. Wenigstens ein einziges Mal soll sie das helle Licht der afrikanischen Sonne erblicken dürfen.

Bagira kommt gleichzeitig mit dem Tiger Martin in das Großkatzen-Reservat. Ihre schlechte gesundheitliche Verfassung macht jedoch einen Kontakt mit den inzwischen etwa 90 Artgenossen, die ebenfalls eine Zuflucht in diesem südafrikanischen Paradies gefunden haben, unmöglich. Und auch die ungewohnte Nähe der Nachbarlöwen schüchtert Bagira ein. Um wieder gesund zu werden, braucht sie ein spezielles Gehege, das ganz ihren Bedürfnissen angepasst wird.

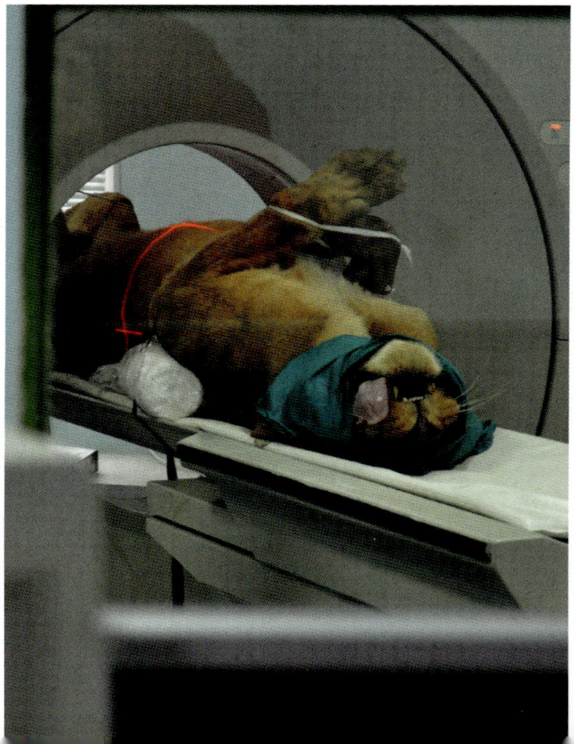

Acht Monate später wälzt sich Bagira verspielt auf dem Rücken, hebt die Pfoten leicht an und lässt sie wieder nach unten fallen. „Das Gras ist so schön weich!", schnurrt sie genüsslich. Zufrieden schließt sie die Augen. Doch dann tauchen plötzlich wieder die alten Bilder ihres Schreckenskäfigs auf – schlagartig wird sie an ihr altes Leben erinnert. Wie groß doch der Unterschied zu LIONSROCK ist!

Zwar geht es Bagira jetzt besser, ihre verkrümmte Wirbelsäule wird jedoch nie mehr heilen. Mühsam zieht sie beim Gehen ihre Beine nach und ihre Haltung ist geduckt – als könnte sie die drückende Last ihrer Vergangenheit nicht abwerfen.

Aber die alte Löwendame hat schon mehrmals bewiesen, dass in ihr noch ein großer Lebenswille steckt: In ihrem ehemaligen Gefängnis, in dem sie so viele Jahre ausharren musste. In Sofia, wo sie zum Erstaunen aller überlebte. Und nun in LIONSROCK, wo sie ihr neues Leben in vollen Zügen genießt.

In der Nacht, wenn Bagira aufmerksam der Stille lauscht, kann sie manchmal die Tüpfelhyänen hören. Trotzdem schläft die Löwin tief und fest – oder vielleicht gerade deswegen. Früher, im nasskalten Käfig, hatte sie sich oft die Geräusche der Wildnis vorgestellt, um Schlaf zu finden. Früher plagten sie die einsamen Stunden und sie

fürchtete jeden Morgen, weil er Angst und Schmerzen brachte.

Heute ist alles anders. Heute träumt Bagira jede Nacht von den vielen neuen Eindrücken und Erlebnissen des vergangenen Tages. Heute gähnt sie jeden Morgen herzhaft, bevor ihr mächtiges Brüllen dröhnend in LIONSROCK zu hören ist. Die verschiedenen Antilopenarten, Zebras und Pferde, die in einiger Entfernung zufrieden in diesem von VIER PFOTEN geschaffenen Tierparadies grasen, stellen ihre Ohren auf und hören: Diese Löwin ist stark!

Obwohl Bagira den Großteil ihres Lebens in Gefangenschaft verbracht hat und die Erinnerungen daran mehr als qualvoll sind, ist sie eine lebensfrohe Löwin. Denn als sie in ihrer Transportbox aus dem Laderaum des Flugzeugs auf den Lkw gehoben und schließlich zu ihrem riesigen Gehege im Park gebracht wurde, wurde ihr mit einem Mal bewusst: „Von nun an werde ich die Sonne nie wieder durch Gitterstäbe sehen müssen!“

BAGIRA

- *Geboren ca. 1995 in Bulgarien, seit Februar 2011 in LIONSROCK.*
- *Lebte unter verabscheuungswürdigen Bedingungen in einem Zoo.*
- *Folgeerscheinung der schlechten Haltung in zu kleinem Käfig: irreparable Verkrümmung der Wirbelsäule – zieht Hinterbeine ein wenig nach, hat aber keine Schmerzen.*
- *Lebt alleine in Spezialgehege, in dem sie alles, was sie braucht, in unmittelbarer Nähe hat.*
- *Hat sich gut erholt und an Gewicht zugenommen.*

BRUMCA

Wie eine arme Bärin in tiefster Dunkelheit zu hoffen wagt: ein großes Märchen über den Wunsch nach Geborgenheit.

Ein Zwinger, dunkel, kalt und nicht größer als ein Wohnzimmer – das war Brumcas Welt. Auf dem kahlen Betonboden trottete sie jeden Tag im Kreis, immer denselben Weg – tagein, tagaus. Manchmal schaute sie hinauf zum Himmel und träumte von einem schöneren Leben. Heute lebt Brumca als freie Bärin in einem wahren Paradies. VIER PFOTEN hat sie gerettet!

Brumca liegt auf dem weichen Waldboden und hat alle Tatzen von sich gestreckt. Zufrieden beobachtet sie die Blätter in den Baumkronen, die sich im Wind bewegen, und träumt mit offenen Augen. Man muss sich ihr ganz behutsam nähern, ihr Vertrauen gewinnen und dann, Schritt für Schritt, mit ihr Freundschaft schließen, ganz langsam und vorsichtig. Denn auch wenn Brumca in ihrem bisherigen Leben schon mehr Menschen als Bären getroffen hat, fühlt und denkt sie wie ein scheues Waldtier, das sich vor schnellen Bewegungen und lauten Geräuschen schreckt.

Brumca war gerade auf die Welt gekommen, in ihrem ersten Gefängnis, einem slowakischen Tierpark, als sie das erste Mal Pech hatte. Das Bärenmädchen, wenige Wochen alt und noch ganz klein und tollpatschig, lernte gerade laufen. Unsicher tapste es durch das kleine Gehege. Doch was war das? Brumcas Mutter richtete sich auf. Auf den Hinterpfoten stehend, wirkte sie groß und bedrohlich. Schritte und aufgeregte Stimmen wurden laut. Menschen? Normalerweise kamen sie nur, um ihnen Futter zu bringen! Aber es war noch gar nicht Essenszeit!

Der Knall kam völlig unerwartet. Langsam sank die Bärenmutter zu Boden und blieb regungslos liegen. Brumca verstand nicht, was gerade geschah. Ihr Herz pochte vor Angst. Was war passiert? Ging es ihrer Mutter gut? Behutsam näherte sie sich der großen Bärin und sah, dass sie ganz langsam atmete. Ihre Augen waren leicht geöffnet, als würde sie Brumca anschauen. Doch dem Bärenmädchen blieb keine Zeit zum Nachdenken. Mit einem Ruck wurde sie am Rückenfell gepackt und hochgehoben. Noch immer lag ihre Mutter ruhig da und schien zu schlafen. Warum half sie nicht? Was hatten die Menschen mit ihr gemacht? Brumca schlug mit den Tatzen um sich und schrie so laut sie konnte. Doch sie war noch zu klein, um sich zu wehren. Ungerührt trug der Mann sie fort, fort von ihrer Mutter, fort aus dem Zwinger, der ihr Zuhause gewesen war.

Der Ort, an den die kleine Bärin gebracht wurde, war aus kahlem Beton – sie war ganz alleine. Der einzige Bär, mit dem sie je gespielt hatte, war ihre Mutter gewesen. Nun hatte sie niemanden zum Spielen. Sie war umgeben von glatten, grauen Wänden, an denen sie nicht einmal ihr Fell kratzen konnte. Eines Tages, als Brumca gerade auf dem Boden lag und sich langweilte, hörte sie plötzlich laute Schritte und aufgeregte Stimmen. Und wie an dem Tag, an dem man sie von ihrer Mutter getrennt hatte, kamen die Schritte und Stimmen näher, bis sie am Bärenzwinger haltmachten. Brumca richtete sich auf und versuchte herauszufinden, wer da gekommen war. Doch ein plötzlicher Knall ließ sie zusammenzucken. Sie sackte zu Boden. So müde und kraftlos hatte sie sich noch nie gefühlt.

Die junge Bärin konnte es nicht wissen, doch sie war betäubt worden, wie damals ihre Mutter. Deshalb hatte sie ihr nicht geholfen, als man Brumca weggebracht hatte: Sie konnte sich nicht bewegen! Durch halb geschlossene Augen sah Brumca vier Männer auf sie zukommen. Einen davon kannte sie, er brachte ihr immer das Futter. Die anderen drei trugen Anzüge und lächelten. Was hatten sie vor? Brumca wusste es nicht. Es war ihr auch egal – sie sank in einen tiefen Schlaf.

Als Brumca aufwachte, war es dunkel und laut. Alles um sie herum ratterte und wackelte. Die junge Bärin befand sich in einem Anhänger, der von einem Auto gezogen wurde. Sie war auf dem Weg nach Österreich: Man hatte sie verschenkt – an einen österreichischen Geschäftsmann. All das wusste Brumca nicht. Sie wusste nicht, wo sie war und was mit ihr geschah. Erschöpft schlief sie wieder ein und als sie wieder aufwachte,

traute sie ihren Augen kaum: Überall war Grün!

Brumca befand sich in einem Garten. Der Garten gehörte zu einem großen Haus. Und das große Haus gehörte einem reichen Mann, der die Bärin von Freunden als Geschenk erhalten hatte. Was es für Brumca bedeutete, sich plötzlich in der Fremde wiederzufinden, kümmerte ihn nicht. Dennoch sollte sich das Leben des Bärenkindes verbessern. Brumca vermisste zwar weiterhin ihre Mutter, aber sie konnte nun zwischen Büschen und Bäumen in einem von einem Zaun umgebenen Gehege herumlaufen. Zum ersten Mal fühlte sie weiches Gras unter ihren Tatzen und jeden Morgen wurde sie vom fröhlichen Gezwitscher der Vögel geweckt.

Eines Tages, Brumca lag wieder gelangweilt im Gras, fühlte sie eine sanfte Berührung an ihrem Bauch! Brumca hob den Kopf. Nur ihre Mutter hatte sie bisher am Bauch gekrault. Aber das Ding, das da durch den Zaun hereinragte, war keine Bärentatze. Es war ein Gartenschlauch. Wo kam der denn her? Die Bärin folgte

ihm mit den Augen. Draußen, hinter dem Zaun, stand ein Junge. Er kitzelte Brumca mit dem langen Ding und lachte. Die Bärin packte den Schlauch mit den Tatzen, dann zog der Junge an seinem Ende, als wollte er ihn wegziehen. Brumca fasste stärker zu und der Junge lachte. Immer fester, immer schneller zogen beide abwechselnd an dem alten Gummischlauch. Endlich hatte Brumca einen Spielgefährten!

Auch der Mann, dem der Garten gehörte, besuchte sie oft und war freundlich zu ihr. Er gab ihr zu fressen, frisches Wasser und brachte Leckereien. Aber er war kein Artgenosse, und so hatte sie niemanden, mit dem sie ihr Leben teilen konnte. Als Brumca wuchs und das bisherige Gehege zu klein für sie wurde, plante der Mann eine neue, sichere und artgemäße Unterbringung, in der die Bärin nach Herzenslust herumtoben konnte. Doch wieder einmal meinte es das Schicksal nicht gut mit Brumca. Der Mann starb ganz plötzlich, noch ehe mit dem Bau des neuen Geheges begonnen werden konnte.

Einige Nachbarn hatten daraufhin Angst, dass sich Brumca aus ihrem Gehege befreien könnte. Andere meinten, sie hätte eine bärengerechte Haltung verdient. Doch es dauerte, bis eine Entscheidung getroffen werden konnte, da niemand wusste, wem die Bärin in Zukunft gehören und wer für sie sorgen würde. So musste Brumca in ihrem bisherigen Gehege ausharren und warten, bis endlich eine Lösung gefunden wurde.

„All das hat Spuren in ihrer Seele hinterlassen", erzählt jener Mann, der Brumca während dieser Zeit regelmäßig besuchte und dem die Bärin ihre Rettung zu verdanken hat, nämlich Heli Dungler. Er wollte Brumca so schnell wie möglich befreien. Aber das war nicht so einfach, denn es gab damals keinen geeigneten Ort, an dem ein Bär

glücklich in der Obhut von Menschen leben konnte. Außerdem suchte der Tierschützer auch noch einen neuen Platz für zwei andere Braunbären, Vinzenz und Liese. Zusammen mit ihnen sollte Brumca ein besseres Zuhause bekommen.

Doch das konnte Heli Dungler nicht alleine schaffen. Zum Glück hatte er viele Freunde, die helfen wollten: freiwillige Helfer und Mitglieder von VIER PFOTEN. Gemeinsam hatten sie die Idee, einen BÄRENWALD zu gründen. Einen Ort, der misshandelten und vernachlässigten Bären ein schönes Leben garantieren sollte. Einen Ort, an dem die Bären ihre natürlichen Verhaltensweisen ausleben könnten. Wo sie baden, graben, umherstreifen, klettern und sich in Höhlen zurückziehen könnten. Es dauerte lange, dieses Vorhaben umzusetzen und genügend Spendengelder zusammenzubekommen, um den BÄRENWALD mit seinen Gehegen in der Nähe des Ortes Arbesbach im Waldviertel zu errichten. Aber endlich war es so weit: An einem warmen, sonnigen Tag konnte Brumca in ihr neues Zuhause übersiedeln!

Die Bärin konnte es zuerst gar nicht glauben. Vorsichtig witternd streckte sie ihre Nase aus der Transportbox, in der sie betäubt auf einen Lkw gehievt und dann nach Arbesbach gebracht worden war, wo man sie mithilfe eines Krans in ihr neues Gehege gehoben hatte. Was war das? Um sie herum waren Gerüche, die sie nie zuvor wahrgenommen hatte: der Duft von frischem Laub und feuchter Erde! Durch ein dichtes, grünes Blätterdach fielen Sonnenstrahlen. Brumca blinzelte und schaute sich um: Da war Platz, viel mehr Platz, als sie je zur Verfügung gehabt hatte! Misstrauisch machte Brumca einen Schritt aus der Transportbox. Vielleicht war es ja wieder nur ein Trick der Menschen und sie würden sie in Kürze wieder in ein Gefängnis aus Beton stecken? Aber nein, Brumca darf bleiben!

Erst jetzt zeigt sich, wie sehr die plötzliche Trennung von ihrer Mutter und ihre bisherigen Erlebnisse die junge Bärin verstört haben. Trotz liebevoller und artgemäßer Pflege vergehen sieben Jahre, bis sich Brumca überraschend doch noch eine eigene Höhle gräbt und darin die erste Winterruhe ihres Lebens hält. Die künstlichen Höhlen hat sie nie angenommen – vermutlich aus Angst, wieder eingesperrt zu werden.

Das Schönste aber sind die Begegnungen zwischen ihr und Vinzenz, dem Nachbarbären. Im Laufe der Jahre ist das Interesse des alten Bären an seiner Gefährtin jedoch immer weniger geworden. Nun hoffen alle, dass Brumca den Jungbären Eddie als neuen Gefährten akzeptiert. Und wenn nicht, wird sie dennoch glücklich sein. Denn sie ist endlich zu Hause angekommen – im BÄRENWALD Arbesbach!

BRUMCA

- *Geboren 1992 in einem slowakischen Tierpark.*
- *Im Alter von wenigen Wochen an Geschäftsleute verkauft, weiterverschenkt an einen österreichischen Geschäftsmann, der sie in seinem Garten hielt.*
- *Als Brumca größer wurde, beschwerten sich Nachbarn über die nicht tiergerechte Haltung – Besitzer plante Freigehege zu errichten.*
- *VIER PFOTEN betreute Brumca nach dem Tod des Besitzers.*
- *1998 Übersiedlung in den von VIER PFOTEN neu gegründeten BÄRENWALD Arbesbach.*

MAIIL

Zuerst der Kindergarten und dann die Waldschule: Wie ein Orang-Utan lernt, trotz seines Verlustes zu leben und wahre Freunde findet.

Ein Lidschlag – und Maiils Welt ist für einen flüchtigen Moment dunkel. Ein Lidschlag – und die Mutter des kleinen Orang-Utans ist für den Bruchteil einer Sekunde verschwunden. Maiil findet das Spiel lustig. Er hat es schon als Baby gespielt, geborgen in den Armen seiner Mutter. Jetzt klettert er schon alleine in den Baumkronen der Urwaldriesen, schwingt sich von Ast zu Ast und spielt es wieder: Augen auf, Augen zu, Augen auf, Augen zu! Immer nur kurz verbirgt sich der Urwald Borneos vor dem Kleinen, dann taucht er wieder auf – in voller Pracht und Blüte. Und Maiil erkennt: Es ist ein schöner Morgen, der an diesem Tag anbricht. Seine Welt ist wunderbar!

Doch der Friede wird jäh gestört. Männer durchwandern den Wald. Sie haben erfahren, dass man auf dem Schwarzmarkt für ein Orang-Utan-Baby viel Geld bekommen kann. Aber es ist gefährlich – denn es ist verboten. Doch im Wald gibt es keine Polizei, nur

die Wildtiere. Die Männer haben Gewehre. Maiil und seine Mutter beobachten sie von ihrer Baumkrone aus. Da fällt plötzlich ein Schuss! Maiils Mutter stürzt hinunter auf den Boden. Der kleine Orang-Utan klammert sich an ihre Brust. Noch bevor er begreift, was gerade geschehen ist, wird Maiil von den gewissenlosen Tierhändlern in einen Sack gesteckt. Und mit einem Mal ist seine Welt dunkel – wie ausgeknipst.

Die Männer bringen Maiil in ein Camp und sperren ihn in einen winzigen Käfig. Der kleine Orang-Utan wehrt sich verzweifelt – er will da nicht hinein! Er hat Angst! Aber die Männer sind stärker. Maiil ist ganz alleine. Wenn er die Stille nicht mehr erträgt, rüttelt er an den kalten Gitterstäben seines Gefängnisses. Das einzige Geräusch, das ihn von der Einsamkeit und der Trauer um seine Mutter ablenkt, ist seine eigene, flüsternde Stimme: „Mama? Lass mich nicht alleine, Mama!“ Der kleine Orang-Utan presst die Augen fest zusammen und versucht sich das Grün des Urwalds und das warme Fell seiner Mutter vorzustellen. Doch so sehr er sich auch bemüht, sobald er die Augen aufschlägt, ist alles, was er sieht – sein Käfig.

Eines Tages, als er wieder einmal mit geschlossenen Augen in seinem Gefängnis sitzt, hört er Schritte, die näher kommen, und ein sanftes Murmeln. Vorsichtig öffnet Maiil die Augen und erblickt zum ersten Mal nach langer Zeit ein freundliches Gesicht. Der kleine einsame Orang-Utan weiß nicht, wie er sich verhalten soll. Kann er diesem Menschen trauen? Da wird auch schon der Käfig geöffnet und Maiil wird gekonnt hochgehoben. Und als er seine Arme um den Hals und die Beine um den Bauch des Menschen schlingt, fühlt er sofort: Jetzt wird alles wieder gut!

Wenige Stunden später eröffnet sich eine altbekannte Welt für den kleinen Orang-Utan. Er ist umgeben von hohen Bäumen und die Luft ist durchdrungen vom Lärm der Zikaden, Grillen und Vögel. „Bringt ihr mich

zu meiner Mama?", fragt er hoffnungsvoll und klammert sich noch fester an die Pflegerin, die ihn trägt. Über ihre Schulter hinweg sieht er andere Orang-Utan-Kinder. Ganz viele. Sie spielen. Aber da sind keine Mütter. Maiil ist traurig: „Wo ist meine Mama?" Doch dann erblickt er plötzlich Abbie! Und als er in ihre Augen sieht, ist es, als würde er in die Augen seiner Mutter schauen, obwohl Abbie noch jung ist. Sie nickt Maiil, der schüchtern auf dem Boden sitzt, zu. Dann klettert sie auf einen Baum, um hoch oben ein Nest zu bauen. Maiil nimmt all seinen Mut zusammen und läuft ihr nach. Er schafft es, ganz alleine die schwierige Strecke, wo der Stamm sehr dick ist, zu überwinden. Abbie sieht zu ihm hinunter. Sie wartet. Ganz schüchtern fragt er: „Darf ich bei dir im Nest schlafen?"

Das Leben in der Waldschule in Samboja Lestari mit Abbie ist wunderbar! Sie ist viel erfahrener als der kleine wissbegierige Orang-Utan, der so plötzlich in ihr Leben geplatzt

ist. „Sie ist wie meine Mama“, flüstert Maiil leise zu sich selbst, als Abbie ihm eine Frucht zeigt. Der junge Menschenaffe macht einen herzhaften Bissen. Dabei schaut er aus Abbies Nest hinunter auf den Boden, wo die Pfleger der BOS-Stiftung und von VIER PFOTEN über sie wachen. In ihrer Obhut lernen die Orang-Utan-Waisen überlebenswichtige Dinge wie sich zu orientieren, Nahrung zu erkennen und zu finden und – selbstständig zu werden. Denn immerhin sollen sie einmal alleine durch den geschützten Wald streifen!

„So könnte es immer bleiben“, gähnt Maiil eines Morgens, als er blinzelnd die Augen öffnet. Aber es gibt auch Tage, an denen sich der kleine Orang-Utan langweilt. Abbie spielt immer seltener mit ihm. Sie scheint sich mehr für Hamzah zu interessieren. Aber zum Glück gibt es ja noch Lesan, ein anderes, etwas älteres Orang-Utan-Mädchen. Mithilfe von Lesan wird Maiil von Tag zu Tag beim Nestbau und bei der Nahrungssuche immer geschickter. Jeden Tag übt er in der Waldschule und ist stolz auf das, was er schon alles kann. Und dann ist er plötzlich da – der Tag, für den Maiil, Abbie, Lesan und alle anderen gelernt und den sie so sehr herbeigesehnt haben: der Tag ihrer Freilassung in den geschützten Kehje-Sewen-Wald!

Die Orang-Utans werden mit einem Hubschrauber so nahe wie möglich an ihre neue Heimat herangeflogen und dann mit dem Auto und schließlich auf dem Rücken der Tierpfleger immer tiefer in den Wald gebracht. Maiil und seine Freunde hören ihren neuen Lebensraum noch bevor sie ihn sehen: Das Geräusch eines munter plätschernden Baches begrüßt sie bereits von Weitem. Riesige Bäume spenden Schatten. „Es ist wunderschön hier!“, denkt Maiil. Als er Lesan ansieht, bemerkt er in ihren Augen ein unternehmungslustiges Glitzern. Die beiden verstehen einander ohne Worte: Hier lässt es sich leben!

In diesem Moment erinnert sich Maiil an sein altes Spiel von früher, als er noch ein ganz kleiner Affe war. Ein Lidschlag – und die Welt ist für einen flüchtigen Moment dunkel. Ein Lidschlag – und die Welt, die ihm nun noch viel schöner erscheint, ist für den Bruchteil einer Sekunde verschwunden. In diesem Augenblick weiß Maiil: Er wird zu einem jungen Orang-Utan heranwachsen, der sich in seiner neuen Heimat zurechtfinden und das Leben in seinem wunderschönen geschützten Zuhause genießen wird. Von nun an wird er die Augen offen lassen – denn davon will er nichts verpassen!

MAIIL

- *Maiil wurde 2004 geboren und wiegt 24 kg.*
- *Im Alter von 3 Jahren mit nur 10 kg gerettet.*
- *In der Wildnis leben junge Orang-Utans 5–7 Jahre bei ihren Müttern. Erst wenn das Junge selbstständig ist, wird das nächste Geschwisterchen geboren.*
- *Verwaiste Orang-Utans bauen zunächst zu menschlichen Ersatzmüttern eine Beziehung auf.*
- *1 Babysitter in der Waldschule kümmert sich um 2–4 Orang-Waisen (Orangs müssen Beziehungen untereinander aufbauen).*
- *Maiil suchte sich unter seinen Artgenossen Vorbilder (zunächst Abbie, dann Lesan) und lernte viel von ihnen.*
- *Einer der ersten „Absolventen" der Waldschule.*
- *Insgesamt 6 Orang-Utans wurden im Mai 2012 von BOS und VIER PFOTEN im Kehje Sewen Forest ausgewildert.*

CESAR

Wie der Löwe nach Jahren der Einsamkeit endlich zur Ruhe kommt und zum Kaiser der Savanne gekrönt wird: eine Fabel über Leid, Willensstärke und Liebe.

Die warme Erde in LIONSROCK gibt unter den mächtigen Pfoten sanft nach. Die großen, lebendigen Augen des Löwen blicken aufmerksam über die Steppe. Kurz noch ist es still, kein Geräusch ist zu hören. Dann öffnet Cesar sein Maul, zeigt seine Zähne und brüllt mit aller Kraft in die Stille! Nun weiß jeder, dass ein neuer Tag angebrochen ist. Alle erdenklichen Arten von Vögeln schwirren durch die Luft, in der Ferne traben die Antilopen zur Wasserstelle und die Tiger brüllen zurück: „Guten Morgen, Cesar!" Der alte Löwe schließt für einen kurzen Moment die Augen. Die südafrikanische Sonne wärmt sein Fell. Zufrieden schnurrt er: „Ich bin zu Hause – endlich!"

Doch noch sind die Wunden der Vergangenheit nicht ganz verheilt. Immer wieder kehrt die Erinnerung an den kahlen, viel zu kleinen Käfig zurück, in dem Cesar so lange Zeit leben musste. Immer wieder hört er sein Jammern: „Bitte helft mir! Ich habe Hunger! Bitte helft mir! Mir ist so kalt!" Und plötzlich fühlt sich Cesar wieder wie bis auf die Knochen abgemagert. Wo Fell sein sollte, befinden sich kahle Stellen. Der Löwe ist dem Erfrieren nahe. Der kalte Wind pfeift durch die Gitterstäbe. Ein Ast fällt herab. Cesar erschrickt. Denn das einzige Geräusch, das er sonst immer hört, ist sein eigenes Wimmern.

Besucher gibt es im Zoo von Tecuci schon lange nicht mehr. Der Tierpark, einer von vielen in Rumänien, ist völlig veraltet. Die Gehege sind schmutzig. Die Tiere sind verwahrlost, hungern und leiden unter den schlechten Lebensbedingungen. Die städtischen Behörden, die für die Erhaltung der Zoos zuständig sind, sind überfordert. Es fehlt an Geld für die notwendigen Umbauten und an Menschen, die wissen, wie man mit den Tieren artgemäß umgeht. Viele der Tierparks stehen kurz vor der Schließung oder wurden bereits geschlossen.

Als die Tierschützer von VIER PFOTEN Cesar in einem solchen Zoo finden und retten, ist der Löwe 16 Jahre alt und bereits sehr schwach und krank. Und doch: Sein Wille, am Leben zu bleiben, ist stark! Die Retter handeln sofort – Cesar soll nach Südafrika, in das Großkatzenparadies LIONSROCK, gebracht werden.

„Ich werde in LIONSROCK ankommen. Dort werde ich endlich glücklich sein. Ich werde es überleben!", sind Cesars letzte Gedanken,

bevor er erschöpft die Augen schließt und in das Flugzeug gehievt wird.

Seinen ersten Tag in LIONSROCK verbringt der alte Löwe schlafend unter der wärmenden Sonne, nachdem er sich zum ersten Mal seit Langem endlich wieder satt gefressen hat. Bereits einen Monat später ist Cesars Fell nachgewachsen, er hat an Gewicht zugenommen, und anstatt wie damals im Käfig bei jedem Geräusch zu erschrecken, erkundet er nun neugierig seine Umgebung. Für alle Beteiligten ist die rasche Genesung ein Wunder und gleichzeitig ein Beweis dafür, wie wichtig die richtigen Lebensverhältnisse für alle Tiere sind.

Zusammen mit der Löwin Carmen lebt Cesar in einem eigenen Areal. Die beiden teilen nicht nur dieselben traurigen Erlebnisse, sie wurden auch gemeinsam nach LIONSROCK gebracht. Sie sind unzertrennlich – außer wenn Fütterungszeit ist. Weil Cesar in seinem alten Zoo ständig Hunger leiden musste, ist bei ihm der Futterneid sehr stark. Deshalb muss er bei der Fütterung von Carmen getrennt werden. Ein kleiner Schatten, der über seinem neuen Zuhause liegt. Doch mit jedem neuen Tag in Südafrika geht es Cesar besser. Irgendwann, da ist er sich ganz sicher, wird ein Tag, eine Woche, ein Monat vergehen, ohne dass die Erinnerungen an die schrecklichen Zeiten zurückkommen, die nun für immer vorbei sind.

Ruhig beobachtet der alte Löwe, wie hoch am Himmel ein Geier seine weiten Runden zieht. In der Ferne hört er die heulenden Hyänen. Und ganz nah lässt sich ein wieherndes Zebra vernehmen. Kein Jammern oder Gewimmer drängt sich in die friedliche Geräuschkulisse der Wildnis. Cesar ist glücklich!

CESAR

- *Geboren 1993 in Rumänien.*
- *Gesundheitszustand im Zoo sehr kritisch.*
- *Lebte in kahlem Käfig mit 20 m².*
- *Zoo hatte kein Geld für Umbau – wollten Cesar einschläfern.*
- *Transport nach Südafrika verlief ohne Probleme.*
- *Wurde im März 2009 nach LIONSROCK gebracht und lebte dort zusammen mit Gänserndorf-Löwin Carmen.*
- *Musste im Jänner 2013 wegen seines immer schlechter werdenden gesundheitlichen Zustands eingeschläfert werden.*

HÄNSEL & GRETEL

…verliefen sich im Wald: Wie die beiden Bärenkinder nach und nach die Brotkrümel fanden – und so ihren Weg in die Freiheit.

Ein ohrenbetäubender Lärm reißt die Bärenmutter und ihre zwei Jungen an diesem Frühlingsmorgen aus dem Schlaf. Solche Geräusche haben die drei noch nie gehört. Das Heulen von Motorsägen, das Quietschen von Seilwinden und das laute Fluchen der Waldarbeiter durchdringen den Wald. Die Bärenmutter wittert die Gefahr. „Weg hier! Schnell weg hier!“, ruft sie ihren Kleinen zu. Schon hasten die drei hinaus aus der Höhle und hinein in den dichten Wald, der bisher immer Schutz geboten hat. Aufgescheucht versucht sich die Bärin zu retten. Die Kleinen folgen ihr verzweifelt tapsend. Doch plötzlich fällt direkt vor ihnen ein riesiger Baum mit so großer Wucht auf die Erde, dass der Boden erzittert.

Angst, Angst, Angst! Mit einem Satz verkriechen sich die Jungen im Unterholz und warten darauf, dass ihre Mutter zurückkommt und sie wieder in die schützende Höhle holt. Aber die ist in ihrer Furcht weit weggelaufen. Erst als sie merkt, dass ihre Kinder nicht mehr hinter ihr sind, macht sie halt. Verzweifelt beginnt sie nach den Kleinen zu suchen. Doch da ist immer noch der Gestank vom Benzin der Motorsägen, der ihren Geruchssinn und die Orientierung stört. „Wo sind sie nur? Wo sind meine Jungen?“ Immer verzweifelter läuft die Bärin durch den Wald.

Währenddessen warten die beiden Bärenkinder zitternd und verstört auf ihre Mutter. Mittlerweile ist es Nacht geworden und nur die Sterne und der Mond, der mild am Himmel scheint, spenden etwas Trost. Auch am nächsten Tag geht das vergebliche Warten weiter – es folgt eine weitere Nacht und noch eine und noch eine! Eines Morgens beschließen die beiden, sich selbst auf die Suche zu machen – das Schicksal nimmt seinen Lauf.

Kaum haben die kleinen Bären ihr Versteck verlassen, werden sie von den Waldarbeitern entdeckt. „Was haben wir denn da?“, ruft einer der Männer, packt die beiden und bringt sie in eine schmutzige Autowerkstatt, die für die nächsten Monate das neue Zuhause der Bärenkinder wird. Traurig und einsam vergehen die Tage in dem engen Käfig. Futter gibt es wenig – Zuneigung gar keine!

Aber Rettung naht! Örtliche Tierschützer haben von den beiden Waisenkindern erfahren. Und so steht eines Morgens ein Mann in einem abgetragenen grauen Mantel vor ihnen. „Ausflug!“, ruft er freundlich, lächelt die kleinen Bären an und hebt sie vorsichtig in eine Transportkiste.

Ängstlich klammern sich die zwei zitternden Bärenkinder aneinander. „Ausflug!“, ermuntert sie der Tierschützer erneut. Das Bärenmädchen schaut seinen Bruder verwirrt an: „Was passiert jetzt?“

Draußen ist es neblig und trüb, alles verschwimmt hinter einem grauen Schleier. Irgendwo in einer Baumkrone krächzt eine Krähe. Der Mann verstaut die Transportkiste in einem alten Auto und fährt mit seiner Fracht los. Und je weiter das Auto von der Werkstatt wegrumpelt, desto mehr verschwindet auch der Geruch von Altöl. Zitternd und ängstlich verlassen die beiden

Bärenkinder den Ort, an den sie von herzlosen Menschen verschleppt wurden. Noch einmal steigt die Erinnerung an den schlimmen Moment der Trennung von ihrer Mutter in ihnen auf.

Der Mann in dem abgetragenen grauen Mantel fährt so schnell es die schlechten Straßen zulassen zu dem Ort, an dem für die beiden Bärenkinder ein neues Leben beginnen soll: die BÄRENWAISENSTATION Harghita! VIER PFOTEN hat dieses Projekt in Rumänien ins Leben gerufen, um Bärenwaisen, die noch nicht zu stark auf den Menschen geprägt sind, wieder auszuwildern und ihnen so ein Leben in Freiheit zu ermöglichen.

Von all dem wissen die kleinen Bären nichts. Aber als der Wagen endlich hält, spürt der Bärenjunge instinktiv: „Jetzt wird alles gut!" Und auch seine Schwester wird von der Zuversicht des Brüderchens angesteckt. Trotzdem sind die beiden verängstigt, als sich zwei Menschen vorsichtig über die Kiste beugen. Was wollen die von ihnen? Doch dann: sanfte Worte, köstliche Leckerbissen und ein neues Gehege, in dem die

Bärenkinder endlich wieder herumtollen und unbeschwert spielen können. Und doch bleibt ein letztes Stück Trauer und Einsamkeit in den kleinen Herzen: Hier hätten sie auch mit ihrer Mutter glücklich werden können …

Schnell werden die Geschwister zu den Lieblingen ihres Pflegers Leonardo, der sich schon seit Jahren um die Bärenwaisen in Harghita kümmert. Und endlich erhalten die Kleinen auch Namen: Sie werden Hänsel und Gretel getauft! Aber Leonardo weiß: Bären sind als Haustiere nicht geeignet. Weder entspricht es den Gesetzen der Natur noch einer artgemäßen Lebensweise. In der Station lernen die Jungbären wieder mit der Freiheit im Wald umzugehen, selbst Futter zu finden, Gefahren zu erkennen und schließlich nicht nur für ihre Sicherheit, sondern später auch für die ihres Nachwuchses zu sorgen. Dazu gehört vor allem den Kontakt mit Menschen zu vermeiden, weshalb Leonardo seit Jahren die Bären hier alleine versorgt.

Daher werden Hänsel und Gretel zunächst in eine sichere Hütte mit Auslauf gebracht, wo sie der Pfleger – ohne sie zu stören – beobachten kann. Vorsichtig witternd, an Bäumen und im Boden kratzend erkunden die beiden ihren neuen Lebensraum. Die Sonne blitzt durch die Zweige und Äste. Der blaue Himmel lässt die Qualen der Gefangenschaft in der Autowerkstatt schnell vergessen. Ein Leben voller Abenteuer und Entdeckungen liegt vor den Bärenkindern!

Noch immer vermissen die kleinen Bären ihre Mutter – sie wäre in der Wildnis ihre Beschützerin und Lehrerin gewesen. Trotzdem erfreuen Hänsel und Gretel ihren heimlichen Beobachter von Tag zu Tag mit beachtlichen Fortschritten. Klettert der etwas mutigere Hänsel zum Beispiel flott auf den nächsten Baum, folgt ihm Gretel bedächtig und vorsichtig wenig später nach. „Zeigen wir, was wir schon können!", brummt der junge Bär seiner Schwester zu.

Bald schon kann Leonardo „seine" Bärenkinder in ein größeres Gehege bringen.

Hänsel und Gretel sind damit der Freiheit wieder einen großen Schritt näher. Nur noch ein Zaun trennt sie von den Wäldern, durch die ihre Mutter und andere Artgenossen streifen. Aber noch ist es nicht so weit.

VIER PFOTEN hält sich bei jeder Auswilderung genau an einen von Wildtierexperten erstellten Plan, um den Tieren auf ihrem Weg zurück in die ungeschützte Wildnis möglichst viel Sicherheit zu geben.

Hänsel und Gretel lernen schnell. Und so sehr sich Leonardo auch über die Fortschritte seiner Schützlinge freut, ist er doch auch ein wenig traurig, denn der Abschied rückt nun von Tag zu Tag näher. Die Freude jedoch überwiegt: Vor allem wenn die Bärenkinder in ihrem Gehege ausgelassen den bunten Herbstblättern hinterherjagen, auf Bäume und Felsen klettern, versuchen, niedrig fliegende Vögel zu fangen, oder im Wasser planschen.

Eines Morgens ist es dann so weit. „Gretel, das Tor steht offen! Komm, lauf mir nach! Nur Mut!“, ruft Hänsel seiner Schwester zu. Irgendwie hat er es längst geahnt: Bald wird sich ihr Leben ändern! Also hinaus in den Wald … Vorsichtig wagen die beiden die ersten Schritte und erkunden neugierig die nähere Umgebung. Sie können jetzt endlich hinaus in die Freiheit, aber jederzeit – wenn sie einmal der Mut verlässt – wieder zurück in das schützende Gehege.

Tag für Tag entdecken die beiden bei ihren immer länger werdenden Ausflügen neue Wasserstellen, leckere Beerensträucher und Nüsse, interessante Aussichtsbäume, einen Stock mit wilden Bienen oder einen Fluss, in dem Fische schwimmen. Die erste selbst gefangene Forelle! Die erste Nacht in Freiheit und am Morgen von den ersten Sonnenstrahlen geweckt werden! Wie schön kann doch ein Bärenleben sein!

Neben der Suche nach Nahrung bleibt stets Zeit für viele Abenteuer, aber auch für so manche schmerzhafte Entdeckung – wenn zum Beispiel andere Tiere nicht mit ihnen spielen wollen und sie drohend anknurren. Aber es ist eine herrliche Zeit. Einige Male kehren die Jungbären zwar noch in die Station zurück, aber das Ziel des VIER PFOTEN Plans ist erreicht: die endgültige Auswilderung!

Als Hänsel und Gretel schließlich für immer in ihren Heimatwäldern verschwinden, ist es für die Tierschützer ein trauriger und zugleich glücklicher Moment. Vergessen werden sie die beiden aber nie!

HÄNSEL & GRETEL

- *Wurden von Waldarbeitern in eine Autowerkstatt in Sighisoara / Mures gebracht.*
- *Mitglieder der rumänischen Naturschutzorganisation Milvus Group entdeckten dort die Jungbären, ließen sie konfiszieren und brachten sie in die BÄRENWAISENSTATION Harghita.*
- *Ziel: Bärenwaisen wieder auswildern, daher nur minimaler Kontakt zu Menschen; seit Jahren versorgt sie derselbe Pfleger.*
- *Nach einem 4-stufigen Aussiedelungsprogramm wurden sie in die Freiheit entlassen.*

MARTIN

Wie ein sibirischer Tiger ins heiße Afrika reiste und dort ein seltenes Gut fand: Glück.

Es dämmert bereits. Nach Stunden der Jagd ist der Tiger kurz davor, seine Suche nach Nahrung für heute aufzugeben. Da sieht er endlich seine Beute! Ein Reh grast nur fünf Meter entfernt. Auf leisen Pfoten schleicht sich der Tiger an das Wild heran, fletscht die Zähne und setzt zum Sprung an …

Doch was ist das? Plötzlich verschwimmen die russischen Urwaldweiten von Primorje. Plötzlich findet sich der sibirische Tiger Hunderte Kilometer entfernt von seiner Beute. Es war alles nur ein wunderschöner Traum. Das Quietschen von Reifen hat Martin geweckt. Weit waren seine Gedanken – und wohl auch seine Seele – im Schlaf über das Land geflogen. In ein von Schnee bedecktes Paradies, das so unerreichbar fern ist. Martin ist wach und wieder in seinem Gefängnis – dort, wo er geboren wurde – im Zoo in der bulgarischen Hauptstadt Sofia! Und auch wenn ihn die Besucher durch die Gitterstäbe bewundernd ansehen, so ist dieses Leben in Gefangenschaft doch eines Tigers unwürdig! Ein sibirischer Tiger braucht ein großes Revier und die Möglichkeit umherzustreifen und zu jagen, sonst wird er krank. – Beides wird Martin seit Jahren verwehrt.

Doch dann die Wende: Es ist ein prächtiger Spätwintertag, als sich plötzlich ein fein gekleideter Mann Martins Käfig nähert. Selbstgefällig mustert er den Tiger. In diesem Augenblick spürt Martin: Jetzt wird sich etwas ändern! Der Mann spricht mit einem der Wärter. Er redet davon, dass er den Tiger mitnehmen möchte. In seinen Privatzoo! „Du wirst ein riesiges Gehege mit einem großen Auslauf haben. Du wirst meine Hauptattraktion!“, verspricht er seinem neuen Schützling. Die Begeisterung in seinen Augen steckt Martin an – sogleich stellt er sich auf die Hinterbeine und brüllt laut und befreit: „Ich werde endlich ein Revier haben!“ Kurz darauf findet sich der Tiger auf einem Anhänger wieder. Auf dem Weg in ein neues Abenteuer, das diesmal kein Traum ist.

Um vieles später schreckt abermals das Quietschen von Reifen Martin aus seinem immer wiederkehrenden Tagtraum. Der Mann, der ihn einst aus dem Zoo in Sofia geholt hatte, hatte nur leere Versprechungen gemacht – das riesige Gehege mit dem großen Auslauf hat es nie gegeben. Und nun sitzt der Tiger neuerlich in einem Anhänger und wartet darauf, dass ein weiterer trauriger Abschnitt seines Lebens beginnt. „Was habt ihr mit mir vor? Wo geht es diesmal hin?“, blickt Martin fragend seine neuen Besitzer an. Doch diese bleiben stumm.

Was Martin nicht wissen kann: Der Mann, der einst vor seinem Gehege gestanden war, ist plötzlich gestorben. Und mit seinem Tod ist auch Martins Schicksal auf einen Schlag völlig ungewiss. Neuerlich wird er weitergereicht.

An Freunde jenes Mannes, der ihm ein schönes Leben in Aussicht gestellt, es aber nicht umgesetzt hatte. Für die neuen Besitzer ist der Tiger eine Belastung. Sie wissen nicht, was sie mit der Großkatze machen sollen. Martin fristet von nun an Tag für Tag sein Leben in einem winzigen, feuchten Käfig. Er wird falsch ernährt und immer kränker.

„Wird es für mich jemals eine Rettung geben? Werde ich jemals frei durch die Natur streifen dürfen?" – Immer wieder stellt sich Martin diese bangen Fragen. Schon hat sich der Tiger mit dem Unausweichlichen abgefunden, als Rettung naht! Tierliebende Nachbarn haben die Behörden alarmiert. Und die zögern keine Minute: „Wir holen dich hier raus!", versprechen seine Retter und rufen VIER PFOTEN zu Hilfe.

Die Rettung einer Löwin aus einem anderen bulgarischen Zoo, die VIER PFOTEN erst vor Kurzem bewerkstelligen konnte, ist allen noch deutlich in Erinnerung. Alle sind sich sicher: Bei VIER PFOTEN ist Martin in allerbesten Händen! Als die erfahrenen Tierschützer Martin zum ersten Mal sehen, kann der Tiger das Entsetzen in ihren Augen erkennen. Gleichgültig sitzt er in einer Ecke seines Käfigs – ein Schatten seiner selbst. Kaum wagt er es zu knurren oder die Zähne zu fletschen.

Innerhalb kürzester Zeit organisiert das Team einen Transport, der Martin gemeinsam mit der Löwin Bagira nach Südafrika bringen soll. Nach Jahren der Gefangenschaft wird sich den beiden dort eine neue Welt eröffnen: LIONSROCK!

Martin erwartet ein riesiges Areal, das dem Tiger genügend Freiraum und Beschäftigung bietet. Sogar einen eigenen Pool haben ihm die Tierschützer eingerichtet. Als Wildtierspezialisten wissen sie: Anders als seine afrikanischen Schwestern und Brüder braucht ein sibirischer Tiger manchmal Abkühlung in der Hitze des südafrikanischen Sommers. Das Allerschönste für Martin aber ist: Das Revier gehört ihm ganz alleine!

Es sind tausend Eindrücke, die der Tiger an seinem ersten Tag zu verarbeiten hat: Felsen, Bäume, der unendliche Horizont. Schon bei seinen ersten stolzen Schritten wirkt Martin wie ausgewechselt. „Hier ist es wunderschön!", brüllt er glücklich. Unter ihm spürt er zum ersten Mal in seinem Leben afrikanischen Boden. Die warme Erde tut seinen Pfoten gut. Von überall her vernimmt er die verschiedensten Vogellaute und in weiter Ferne heult eine Hyäne in die afrikanische Weite – direkt in den blutroten Sonnenuntergang hinein. Wie in seinem Traum läuft Martin los, hinein in sein neues Paradies auf Erden. Und bis heute ist er aus diesem Traum nicht erwacht.

MARTIN

- *Sibirischer Tiger, geboren 2002 im Zoo von Sofia / Bulgarien.*
- *Wurde an einen Privatmann verkauft, der ihn in seinem riesigen Privatzoo halten wollte.*
- *Der Mann starb, Martin wurde von den Behörden konfisziert.*
- *VIER PFOTEN brachte den Tiger im Februar 2011 nach LIONSROCK.*
- *Liebt den Pool, schattige Plätze und die Spielbälle in seinem Gehege.*

EDDIE

Des Bären neue Unterkunft:
Wie Leid und Einsamkeit mit etwas königlicher Hilfe aus Eddies Leben vertrieben wurden.

Mama, wo bist du?" – Sie ist hier, irgendwo ganz in seiner Nähe. Er kann sie riechen und hören. „Mama, hier bin ich doch!", brummt der Kleine, der in einem winzigen Betongehege eingesperrt ist, immer wieder. „Mama, warum kommst du nicht zu mir?" Nur ein paar Käfige weiter sitzt die Bärenmutter. Immer wenn sie Eddie jammern und kläglich brummen hört, schlägt sie verzweifelt mit ihren Tatzen gegen die Gitterstäbe – einmal zornig, dann traurig und schließlich wieder gegen ihre Wärter aufbegehrend. Doch vergebens: Sie bleibt von ihrem Jungen, das sich so sehr nach ihr sehnt, getrennt!

Eddie steckt sich seine Tatze ins Maul und saugt kraftlos daran. Das ist sein einziger Trost – er hat keine Hoffnung mehr. Mutlos wiegt er sich in den langen, kalten Nächten in einem Privatzoo in Amman hin und her. Der kleine syrische Braunbär spürt zwar die Nähe seiner Artgenossen, doch sie sind für ihn ebenso fern und unerreichbar wie seine Mutter. Was Eddie nicht ahnen kann – Rettung ist unterwegs!

Eines Tages steht plötzlich ein Mensch vor seinem Käfig und tröstet ihn. Sein Name ist Stefan. Er ist aus Österreich, wo er im BÄRENWALD Arbesbach arbeitet, nach Jordanien gekommen, um hier beim Bau eines Bärengeheges im New Hope Centre, einer Tierauffangstation der Princess Alia Foundation, gegründet von der gleichnamigen Prinzessin des jordanischen Königshauses, zu helfen.

„Eddie, wir holen dich hier raus, mach dir keine Sorgen", flüstert er dem Bärenjungen immer wieder zu. Und obwohl Eddie das Gesagte nicht versteht, sagt ihm sein Instinkt: Jetzt wird alles gut! Doch was ist das? Auf einmal sind da Leute in Uniform! Und sie tragen Waffen! Laute Schreie und Befehle hallen durch den Zoo und die sonst so groben Wärter sind plötzlich ganz kleinlaut. Was Eddie nicht weiß: Die Helfer der Princess Alia Foundation sind gekommen, um ihn mithilfe der Polizei und des Militärs ins New Hope Centre zu bringen!

Dort angekommen lässt der kleine, verschreckte Bär zunächst niemanden an sich ran und zieht sich zurück. Erst nach und nach nimmt er sein neues Zuhause wahr: Es ist so groß! Und Futter gibt es in Hülle und Fülle! Geduldig lässt er das Chippen, das Abwiegen und alle anderen Untersuchungen über sich ergehen.

Eddie ist vom ersten Tag an der Liebling aller Pfleger. Er wird altersgemäß ernährt, gepflegt und lernt schnell. Schon bald schafft es der kleine Bär, geschickt nach auf dem Wasser schwimmenden Früchten zu greifen und sie in sein Maul zu stecken. Doch schon bald wird ihm langweilig. Eddie beginnt wieder an seiner Tatze zu saugen. Die Erinnerung an seine Mutter ist plötzlich wieder da und nicht einmal seine Pfleger können ihn trösten. Auch noch so gut verstecktes Futter kann Eddie nur kurz ablenken. Schnell ist klar: Der Bärenjunge braucht mehr Beschäftigung und die Nähe seiner Artgenossen. In seinem Alter sind junge Bären in freier Wildbahn oft noch an ihre Mutter gebunden oder mit ihren Geschwistern unterwegs.

Eddie hat niemanden. Auch eine Freilassung in seinen natürlichen Lebensraum kommt nicht infrage. Dazu hat er sich schon zu sehr an die Menschen gewöhnt. Aus diesem Grund reist Stefan, der junge Bärenpfleger aus Arbesbach, Anfang 2011 nochmals nach Amman, um Eddie nach Österreich, in den BÄRENWALD, zu bringen. Begleitet wird er dabei von Prinzessin Alia, der es ein Herzensanliegen ist, den kleinen Bären endlich glücklich zu sehen.

In seiner neuen Heimat angekommen, kann es Eddie kaum glauben: Es ist das pure Paradies! Der Wald, das tiefe Grün der Fichten, die weichen Moospölster und das helle Sonnenlicht, das sich in den Badeteichen spiegelt. Eddie kann sein Glück nicht fassen: „Hier kann ich spielen, graben und baden!"

Dann die allererste Winterruhe im Leben des Bären! Doch alles da draußen monatelang verschlafen? Nein, dazu ist Eddie viel zu neugierig! Immer wieder steckt er seine Schnauze ins tiefe Weiß. Hat er doch erst vor nicht allzu langer Zeit andere Bären entdeckt. Aber er muss sich bis zum Frühjahr gedulden. Da lernt er Brumca kennen. Mit ihr soll er – so hoffen es die Pfleger – Freundschaft schließen. Doch die Bärin zeigt sich wenig begeistert von dem stürmischen Jungbären und verpasst ihm ein paar kräftige Tatzenhiebe. Und so bleibt Eddie vorerst weiter alleine – aber einsam ist er nicht. Stefan verbringt viele seiner freien Abende in Eddies Nähe, nur um ihm Gesellschaft zu leisten. Der junge Bär bekommt dreimal am Tag Futter und auch für ausreichend Beschäftigung ist gesorgt! In Eddies Gehege gibt es eine Hängematte und einen Boxsack. Am meisten aber liebt der junge Bär seinen Teich: Selbst wenn es regnet, badet er und spielt im Wasser mit Ästen oder seinem Floß.

Bis heute bringt Eddie ordentlich Schwung in den BÄRENWALD! Nicht nur deswegen haben ihn seine Pfleger so sehr ins Herz geschlossen, sondern auch weil er ein berührender Beweis dafür ist, wie ein Tier seine schlimme Vergangenheit hinter sich lassen kann. Eddie trauert nur noch selten um seine Mutter. Die glücklichen Tage in Arbesbach überwiegen!

EDDIE

- *Geboren in Syrien im Frühling 2010, kurz darauf von seiner Mutter getrennt und in ein winziges Betongehege gesteckt.*
- *Bei einer Besichtigung privater Zoos in Amman entdeckt und noch am selben Tag mithilfe des Militärs beschlagnahmt, untersucht und in Quarantäne gebracht.*
- *Seit Ende Mai 2011 im BÄRENWALD Arbesbach (eskortiert von Prinzessin Alia), verbringt er dort 2011 / 12 die erste annähernde Winterruhe seines Lebens.*

KOPRAL

Wie ein unbändiger Lebenswille zwei Orang-Utans glücklich machen kann.

Manchmal, wenn Kopral alleine im Wald übernachtet, in seinem selbst gebauten Schlafnest, unweit der Schlafkäfige der unselbstständigeren Orang-Utan-Waisen, erinnert er sich an sein Leben im großen Wald und an die Wärme seiner Mutter, mit der er das Nest teilte. An ihren wundervollen Geruch. Und an ihre Geduld. Und er denkt an die Bewunderung der anderen kleinen Orang-Utans für seine Waldkenntnisse. „Ohne meine Mama würden sie mich nicht so bewundern. Sie bewundern mich für das, was ich von ihr gelernt habe."

Aber Kopral ist den anderen kleinen Orang-Utans auch ein bisschen unheimlich. Denn Kopral hat keine Arme. Was war geschehen, bevor er in die Waldschule kam? Da waren Männer, Fußtritte, ein Kampf, ein kleiner schmutziger Gitterkäfig und Einsamkeit. Eines Tages öffnete jemand den Käfig und versuchte Kopral herauszuziehen. Der sträubte sich mit allen Kräften. Er warf sich nach vorne und entglitt so den Händen des überraschten Mannes. Das war seine Chance auf Freiheit! Er raste los – nach oben, schnell nach oben! Er fasste einen glatten toten Baumstamm ohne Äste und Rinde. Kopral kletterte an ihm hinauf, und als er das Ende erreicht hatte, griff er nach der schwarzen Liane, die sich dort befand. Da löschte ein weißer Blitz plötzlich alles aus.

Als Kopral aufwachte, konnte er sich nicht bewegen. Es roch nach Verbranntem. Er hatte großen Durst. Dann wurde er erneut ohnmächtig. Als er wieder zu sich kam, lag er auf dem Rücksitz eines Autos. Er konnte sich immer noch nicht bewegen und hatte fürchterliche Schmerzen. Das Auto blieb stehen und eine Frau öffnete die Autotür. Kopral schaute sie an – verständnislos. Er legte einen trotzigen, gefährlichen Ausdruck in seine Augen: „Wage es ja nicht, mich anzufassen! Ich werde dich beißen!"

VIER PFOTEN Expertin Signe erinnert sich gut an diesen Moment und an den kleinen Orang-Utan mit den fürchterlichen Verbrennungen – besonders an den Armen –, die offensichtlich von einer

Hochspannungsleitung stammten. Und sie erinnert sich an den trotzigen Ausdruck in seinen Augen, hinter dem sich eine große Angst verbarg: „Ich schaffe das nicht alleine!"

Koprals Verletzungen waren so schwer, dass man dafür Spezialisten – Menschenärzte – brauchte. Die Suche war nicht leicht. Dann endlich erklärte sich das Ärzteteam eines Militärkrankenhauses bereit, den kleinen Orang-Utan zu operieren. Doch um Kopral zu retten, mussten ihm die Ärzte beide Arme amputieren.

Es dauerte Monate, bis Kopral über den Berg war. Wochenlang schwebte er zwischen Leben und Tod. Eines Tages wurde er auf einen Balkon gesetzt, bei einem See. Ringsum waren Bäume. Es roch gut. Der kleine Orang-Utan schob sich mit den Füßen über den glatten Boden. In einer Ecke gelang es ihm, sich irgendwie aufzurichten. Von diesem Moment an übte Kopral täglich, bis er schließlich ohne Hände aufstehen und zweibeinig gehen konnte. Und wenn er heute isst oder trinkt, dann tut er das mit seinen Füßen, die bei Orang-Utans wie Hände geformt sind – mit einem Daumen.

Schließlich war es so weit: Kopral durfte zu den anderen kleinen Orang-Utans in die Waldschule. Er konnte es kaum glauben: so viele Artgenossen! Mit der Zeit lernte Kopral auch wieder auf Bäume zu klettern. Das war anfangs nicht so leicht, aber mit seinen Füßen konnte er sich hochschieben und festhalten. Um mit dem Oberkörper nicht wegzurutschen, setzte er die Zähne ein. Schwierig wurde es nur, als die anderen anfingen, ihn dabei zu kitzeln. Um ein Haar wäre er abgestürzt – er konnte sich gerade noch mit den Füßen festhalten und hing kopfüber vom Ast.

Kopral ist jetzt seit bald drei Jahren in der Waldschule. Seit letztem Herbst hat er einen neuen Freund: Budhi. Er saß ganz alleine da und benahm sich merkwürdig. Nie sah er die anderen an. Er schien sehr ängstlich zu sein. Eines Tages öffnete jemand seine Käfigtüre und Kopral ging zu ihm. „Hab keine Angst", flüsterte er leise. Als er in Reichweite kam, tastete Budhi unbeholfen sein Gesicht und

seinen Körper ab. Kopral verstand: Budhi ist blind! Der kleine Orang-Utan runzelte die Stirn, tastete wieder über Koprals rechte Schulter: Da war kein Arm! „Ja, ich habe auch eine Behinderung – aber das Leben macht mir trotzdem Spaß!“, sagte Kopral und die beiden begannen spielerisch miteinander zu ringen. Nach einer Weile kicherte Budhi atemlos: „Ja, mir auch. Jetzt, wo ich auch einen Freund habe!“

KOPRAL

- *Vermutlich nach Tötung seiner Mutter als Haustier verkauft, Unfall mit Hochspannungsleitung kurz darauf.*
- *Wurde auf der Rückbank eines Taxis anonym zur BOS-Stiftung gebracht – mit Verbrennungen am ganzen Körper.*
- *Amputation beider Arme, um sein Leben zu retten.*
- *Trotz schwerer Traumatisierung langsamer Vertrauensgewinn und Erholung: nahm Nahrung an und aß sie mit den Füßen.*
- *Fortbewegung erst rutschend, dann rollend; lernte mithilfe der Pfleger schließlich alleine gehen, ohne sich mit den Händen abzustützen.*
- *Kann heute mithilfe von Mund und Füßen klettern – verwendet seine Füße als Hände und hängt oft kopfüber im Baum.*

BASILEA

Wie ein Löwenmädchen über Stock und Stein stolpern muss, bis sie das verdiente Leben bekommt – in LIONSROCK!

Für den Bruchteil einer Sekunde ist Basilea vom Blitz der Kamera geblendet. Um sie herum – grinsende Gesichter. „Schau mal, Papa! Ich halte eine kleine Löwin im Arm!", schreit ein zwölfjähriges Mädchen seinem Vater zu. Der lächelt gutmütig und verschwendet keinen Gedanken an das Löwenbaby, das ängstlich seinen Kopf senkt.

Das Blitzlichtgewitter der Fotoapparate erschreckt Basilea. Die kleine Löwin ist erst sechs Wochen alt. Ihr Magen knurrt laut – seit einer Woche hat sie kaum Futter bekommen. Basilea ist ein sogenannter Fotolöwe. Hungrig und geknickt wird sie als Touristenattraktion Foto für Foto herumgereicht. Man lässt sie absichtlich hungern, damit sich ihr Wachstum verlangsamt und sie möglichst lange klein bleibt.

Eine Woche ist es jetzt her, dass das Junge von seiner Mutter getrennt wurde. Zwei junge Frauen hatten die Kleine gekauft und aus ihrem Gehege im Zoo mitgenommen, um am Strand und in den Diskotheken mit ihr Geld zu verdienen. Basilea kommt es wie eine Ewigkeit vor. Sie sehnt sich nach Geborgenheit und ihrer Mutter. Das schallende Gelächter der Menschen und das Grölen der Betrunkenen, denen das Wohlbefinden der kleinen Löwin völlig egal ist, schüchtern sie ein. „Hilfe, Mama! Bitte hilf mir!", maunzt sie kläglich.

Was das hilflose Löwenkind nicht ahnen kann: Seine Tage als Fotolöwe sind gezählt. Das schnelle Geld, das sich seine Besitzerinnen durch diese Geschäftsidee erhofft hatten, bleibt aus. Als die beiden Frauen dann auch noch erfahren, dass in Rumänien Fotolöwen illegal sind, wollen sie Basilea zurück in den Zoo bringen. Doch der Direktor weigert sich, die kleine Löwin zurückzunehmen, und schickt die verzweifelten Frauen wieder weg. Die wissen nicht, was sie tun sollen. Sie wollen die Kleine einfach loswerden.

Ein Freund der jungen Frauen hat Mitleid und nimmt sich der kleinen Löwin an. Doch auch er hat weder die Mittel noch das Wissen, um eine Großkatze artgemäß zu halten. Für Basilea bedeutet das – ein winziger Käfig in

einem tristen Hinterhof. Der Hund des neuen Besitzers und Basilea freunden sich an, doch ihr Zustand verbessert sich nicht. Die Folgen der Gefangenschaft und der andauernden falschen Ernährung sind bereits deutlich sichtbar. Basileas Fell ist stumpf und sie zeigt Mangelerscheinungen – sie schläft fast die ganze Zeit, ist häufig kränklich und kleine Wunden heilen kaum. Der Mann beginnt zu verstehen: Dem Löwenbaby geht es nicht gut und es muss rasch etwas unternommen werden!

Als er von LIONSROCK erfährt, ist er fest entschlossen, für Basilea dort ein neues Zuhause zu finden. Er wendet sich an VIER PFOTEN – die Tierschützer sind sofort bereit zu helfen. Basilea wird noch vor Ort erstversorgt. Die Verträge für die Überstellung der kleinen Löwin sind unterschrieben. Die medizinische Versorgung ist sichergestellt. Um ihr unnötige Aufregungen zu ersparen, wird Basilea für den Transport zum Flughafen betäubt. Bevor sie entspannt die Augen schließt, sieht sie, wie die Umrisse ihres alten Käfigs weicher werden und der Hinterhof

ganz allmählich verschwimmt. Nicht ahnend, dass es nie wieder in einem winzigen Käfig gefangen sein wird, schläft das Löwenmädchen ein.

Als Basilea die Augen wieder öffnet, ist um sie herum alles dunkel. „Wo bin ich?", knurrt sie angsterfüllt. Von draußen hört sie dumpfe Stimmen. Sie kommen näher. Basilea zwingt sich ruhig zu bleiben. Die Stimmen sind jetzt ganz nahe. Die junge Löwin bemerkt, dass sie in einem Holzkäfig liegt, der nun vorsichtig hochgehoben und gleich darauf wieder abgesetzt wird. Fragend versucht sie sich umzusehen, doch alles um sie ist abgedunkelt.

Basilea befindet sich in einem Flugzeug. Kurze Zeit später hebt der Flieger auch schon ab, um sie nach Südafrika zu bringen. Der Flug ist ruhig, und auch während des Transports auf dem Landweg döst die Kleine die meiste Zeit vor sich hin. Dann ist sie endlich an ihrem Bestimmungsort angekommen!

Vorsichtig beschnuppert sie das Holz des Käfigs, der an das Gatter herangeschoben wurde, geht ganz dicht heran, als plötzlich die

Falltür des Transportkäfigs genau vor ihrer Nase hochgezogen wird und das Sonnenlicht strahlend hell hereinbricht. Basileas Augen weiten sich, als sie die unendlich schöne Landschaft erblickt: Bäume, die sie noch nie gesehen hat. Vögel, die ihr völlig unbekannt sind. Die kleine Löwin weiß nicht, wo sie ist, aber zum ersten Mal in ihrem Leben spürt sie unter ihren Pfoten weiche, sandige Erde. Basilea ist in ihrer neuen Heimat angekommen: LIONSROCK! Hier wird sie glücklich werden. Hier wird sie alt werden. Hier ist ihr angestammter Platz zum Leben. Und als Basilea glückselig den Sonnenaufgang beobachtet, weiß sie: Hier wird sie nie wieder ein Blitzlichtgewitter erschrecken!

BASILEA

- *Geboren 2011 in einem rumänischen Zoo.*
- *Im Alter von 5 Wochen als „Fotolöwin" an zwei junge Frauen verkauft.*
- *„Fotolöwen" werden absichtlich ungenügend ernährt, um das Wachstum hinauszuzögern. Dies wird erkennbar durch Mangelerscheinungen und Krankheiten.*
- *Lebte den Winter über auf 9 m^2 in einem kleinen Zollhaus bei einem privaten Tierfreund, mit dessen Hund sie sich anfreundete.*
- *Besitzer war auf Dauer mit der Haltung überfordert und wandte sich an VIER PFOTEN.*
- *Übersiedelung nach LIONSROCK im Juli 2012.*
- *Zu sehr menschgeprägt, derzeit wird ein passender Partner für sie gesucht.*

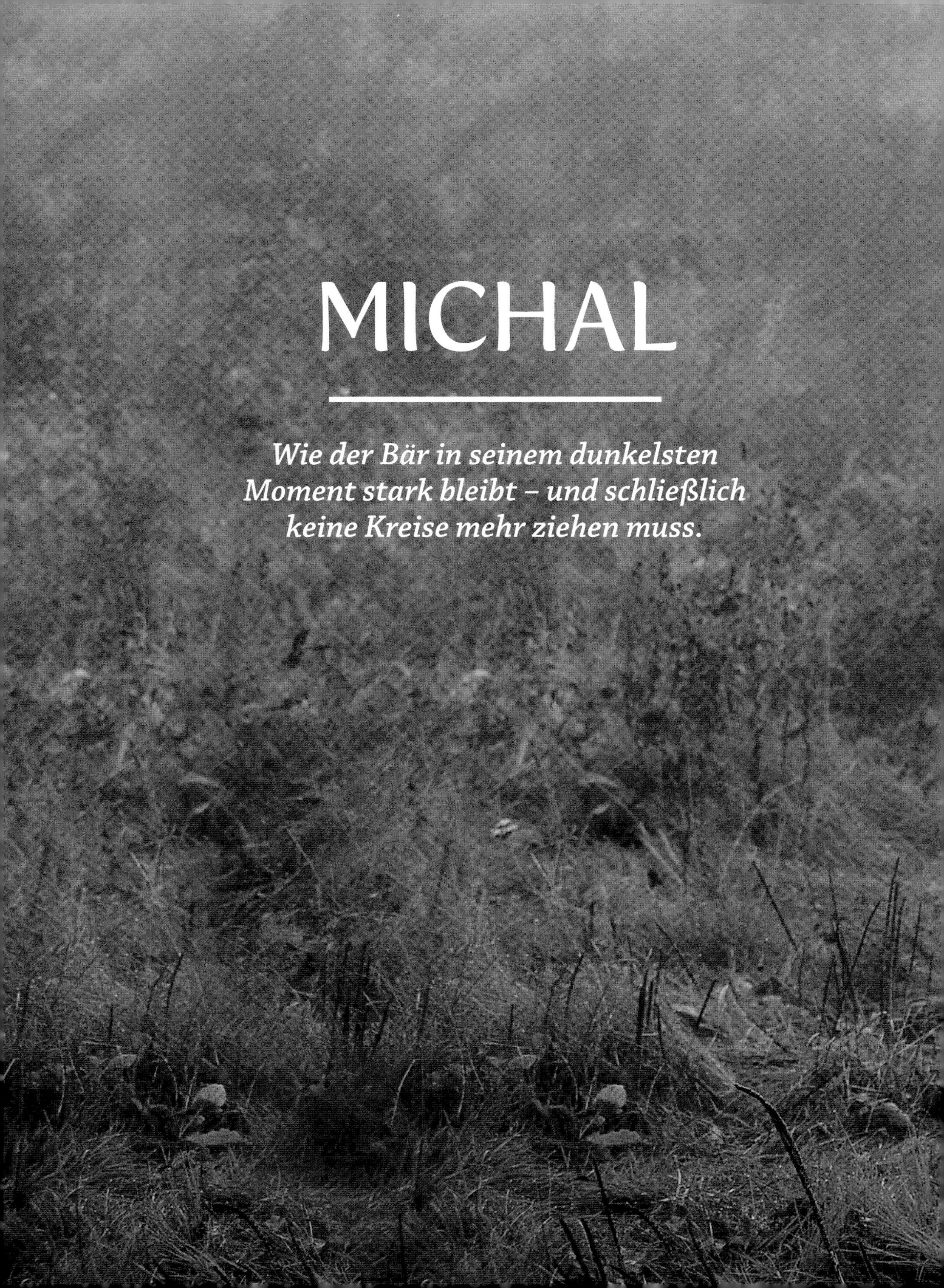

MICHAL

Wie der Bär in seinem dunkelsten Moment stark bleibt – und schließlich keine Kreise mehr ziehen muss.

Was ist das bloß für eine Welt da draußen! Ab und an fliegt ein Vogel hoch über Michals Kopf hinweg. Der Bär ahnt den Wind, die Weite und die Wälder. Was ist das bloß für eine Welt außerhalb dieses kalten Betonlochs, in dem er sein Leben verbringen muss? Immer wieder hebt er verzweifelt seine Schnauze – witternd, prüfend, neugierig. Seit seiner Geburt ist er in diesem kahlen Zwinger gefangen. Und von Tag zu Tag schwindet die Hoffnung, einmal diesem Gefängnis entrinnen zu können. Noch aber ist Michal ein Kämpfer. Noch ist er tapfer und bereit, sich niemals aufzugeben. Es muss doch mehr geben als diese winzige Grube in Braniewo in Polen, in die er hineingeboren worden war.

Vor Kurzem erst hatte er seine Mutter verloren. Sie war krank gewesen und musste eingeschläfert werden. Der Schmerz sitzt tief. Das Gezwitscher der Vögel, der sanfte Wind – Michal ahnt, dass es irgendwo da draußen eine andere, bessere Welt gibt. Unentwegt, immer schneller läuft er an den grauen Betonwänden entlang. „Wenn ich nur lange genug suche, finde ich den Ausgang!“, versucht er sich Mut zuzusprechen und dreht weiter seine Runden. Die Sehnsucht nach Freiheit treibt ihn immer wieder an. Dort, wo die Betonwände in den Himmel übergehen, kann er sie sehen: die Bäume und Sträucher, die Schmetterlinge und Amseln.

Eine Runde folgt auf die nächste, schneller und immer schneller. „Wo ist der Ausgang? Wo ist er?“ – Michal läuft immer weiter im Kreis. Als er drei Jahre alt war, hat er bei einem Kampf mit einem anderen Bären sein rechtes Vorderbein verloren. Mit der Zeit hat sich Michal daran gewöhnt, auf drei Beinen durchs Leben zu laufen. Er gibt nicht auf! Und als er sich nach unzähligen Runden im Kreis neben den brackigen Wassergraben, aus dem er sonst trinkt, auf den Boden legt, hat der junge Bär nur einen Wunsch: Er will frei sein!

Michals Augen werden immer schwerer. Am Himmel ziehen dunkle Wolken auf und es beginnt sanft zu nieseln. Weg von hier, frei sein! – Das sind seine letzten Gedanken. Dann schläft er ein. Doch schon kurze Zeit später schreckt er auf. Stimmen haben ihn geweckt. Instinktiv versucht er sich zu verstecken. Wird man ihn jetzt auch einschläfern, so wie einst seine Mutter? Aufgescheucht läuft der Bär von einer Ecke zur anderen. Aber eine Flucht ist unmöglich. Die Stimmen kommen näher. Sie klingen nicht böse, nur fremd. – „Michal! So beruhige dich doch!“

Schon will sich der Bär entspannen, da trifft ihn etwas von der Seite. Michal schnauft. Meinen es diese Menschen etwa doch nicht gut mit ihm? Mit einem Mal spürt er seine Beine kaum mehr, ist unsäglich müde. Im nächsten Augenblick wird alles um ihn herum schwarz und ein angenehmes Gefühl durchströmt seinen Körper.

„Wo bin ich? Ist das der Bärenhimmel?“, wundert sich Michal, als er irgendwann langsam wieder zu sich kommt. Er ist noch zu müde, um sich zu bewegen. Seine Tatzen sind noch so schwer. Doch immerhin: Er lebt! Es geht ihm gut! Michal befindet sich in einer großen Box auf einem Wagen. Was der Bär noch nicht weiß, aber bereits wittern kann – er ist der Freiheit jetzt ganz nahe. Der Transporter ist unterwegs in einen BÄRENWALD. In das Paradies von Müritz!

Es dauert nicht mehr lange und der Wagen bleibt vorsichtig stehen. Michal richtet sich wacklig auf und wagt einen ersten Blick durch die Spalten seiner Box, die vorsichtig auf den Boden gestellt und geöffnet wird. Menschen lächeln ihn an. „Willkommen, Michal!“, rufen ihm die Tierretter von VIER PFOTEN freudig zu. „Na los, nicht so schüchtern!“, ermuntern sie ihn. Noch ein wenig unsicher

macht der junge Bär den ersten Schritt in sein neues Leben. Er kann es nicht fassen – was für ein Geschenk, jetzt hier sein zu dürfen!

Der Boden unter Michals Tatzen fühlt sich ungewöhnlich weich und angenehm an. Zum ersten Mal tritt er auf Gras und Fichtennadeln. So hat er sich das erträumte Paradies vorgestellt. Doch was soll er als Erstes in seinem neuen Zuhause anstellen? Eine Höhle ist da. „Hier könnte ich graben. Oder soll ich mir in dem Teich doch lieber zuerst den Staub aus dem Fell waschen? Oder einfach

herumstreichen und die Welt entdecken?“, denkt Michal und läuft glücklich hin und her. Er muss sich erst daran gewöhnen, dass es ab nun nie wieder Betonwände in seinem Leben geben wird. Von nun an kann er sich frei bewegen und den Wald erkunden.

Jeder neue Augenblick bringt für Michal weitere Überraschungen: Was ist denn das dort? Ist das nicht eine Futterstelle mit frischen Beeren, Nüssen und Karotten? Glücklich saust der dreibeinige Bär darauf zu, vergräbt sein Maul in der Schüssel und brummt zufrieden: „Mhm.“ Kurz darauf hastet er auch schon zum Teich und wirft sich bäuchlings in das klare Wasser.

Währenddessen lassen die Pfleger von VIER PFOTEN ihren Schützling nicht aus den Augen. Sie sind seit seiner Ankunft die ganze Zeit über in seiner Nähe, beobachten den Neuankömmling fürsorglich und freuen sich mit ihm, dass er nun endlich in seiner neuen Heimat angekommen ist und nie wieder im Kreis laufen muss!

MICHAL

- *2003 im Zoo in Braniewo / Polen geboren.*
- *Lebte in einer 60 m² kleinen Betongrube.*
- *Seine Mutter und ein anderer Bär wurden krankheitsbedingt eingeschläfert.*
- *Mit 3 Jahren verlor Michal sein rechtes Vorderbein im Kampf mit einem anderen Bären.*
- *Aufgrund der Haltungsbedingungen entwickelte Michal ausgeprägte stereotype Verhaltensweisen wie zwanghaftes Im-Kreis-Laufen.*
- *VIER PFOTEN rettete ihn im September 2011.*
- *Nach dem Gesundheitscheck 12-stündige Fahrt (mit regelmäßigen Pausen) in den BÄRENWALD Müritz.*
- *Seit seiner Ankunft im BÄRENWALD wurde keinerlei stereotypes Verhalten mehr festgestellt.*

STREUNER

Wie streunende Tiere, die kein Zuhause haben, von VIER PFOTEN regelmäßig gerettet und medizinisch versorgt werden.

CAPPUCCINO

Der Wagen kommt wie aus dem Nichts auf Cappuccino zugeschossen! Und innerhalb eines einzigen Augenblicks beschließt sich das Schicksal des Hundes: Reifen quietschen, ein dumpfes Geräusch, dann ein kurzer Moment der Stille. Cappuccino wird durch die Luft geschleudert – er landet am Straßenrand und bleibt leblos liegen. Der schwer verletzte Hund gibt keinen Laut von sich, während die gleißende Sonne auf den Asphalt brennt. Cappuccinos Herrchen läuft erschrocken zu seinem Schützling und beginnt um Hilfe zu rufen.

Doch Cappuccino hat Glück im Unglück: VIER PFOTEN befindet sich gerade in Darfur! In Zusammenarbeit mit UNAMID, der gemeinsamen Organisation der UN und der Afrikanischen Union, sind die Tierschützer aus Österreich auf Streunerhilfe-Mission in den UNAMID-Lagern in der sudanesischen Provinz. Igor, ein Mitarbeiter von UNAMID, der Augenzeuge des Unfalls war, verständigt die Tierärzte von VIER PFOTEN, die sofort einwilligen zu helfen.

Notdürftig werden Cappuccinos offene Wunden erstversorgt und sein verletztes Bein verbunden. Auf dem langen Weg zur VIER PFOTEN Klinik kann der Vierbeiner seine Furcht nicht unterdrücken: Werden ihm die Ärzte helfen können? Seine Augen sind ängstlich auf sein Herrchen, das die ganze Zeit über ihn gewacht hat, gerichtet. „Was passiert mit mir?“, wimmert er leise. Doch als er über die Schwelle des Lazaretts getragen wird, spürt er sofort: Hier wird alles wieder gut!

Trotzdem wandern Cappuccinos Blicke immer wieder zu seinem Herrchen. Der weicht nicht von seiner Seite und versucht seine Aufregung zu verbergen und dem verängstigten Tier Mut zu machen. Tröstend streichelt er immer wieder ganz leicht über Cappuccinos Kopf: „Du wirst sehen, bald sind wir wieder zu Hause.“ Langsam wird die Angst kleiner. Cappuccino weiß:

Wenn sein Herrchen den Ärzten vertraut, kann er es auch!

Nur wenige Meter weiter liegt ein kleiner Jagdhund-Mischling auf einem Behandlungstisch. Er ist ungefähr zwei Jahre alt, sein Name und seine Herkunft sind unbekannt. Auch er wurde von einem Auto angefahren – der Schreck spiegelt sich noch in den Augen des jungen Vierbeiners. Verstört blickt er von einem Tierarzt zum nächsten. Sein Körper ist angespannt und er beginnt immer wieder heftig zu zittern. „Ganz ruhig, wir wollen dir nur helfen“, versuchen ihn die Tierärzte zu beruhigen, aber der junge Mischling kann nicht damit aufhören. Es fehlt ihm – sein Herrchen. Er ist, wie viel zu viele Hunde in Darfur, ein Straßenhund. Ein Streuner. Ohne Herrchen, ohne Halt, ohne jeden Bezug zu einem Menschen, der für ihn sorgt. Ein Pfleger krault ihn sanft hinter dem Ohr und der junge Mischling beginnt sich zu entspannen.

Gerade beginnt Cappuccino Hoffnung zu schöpfen: „Bald werde ich wieder zu Hause sein“, denkt er zuversichtlich. Doch dann, völlig unvermittelt, trifft ihn die schlimme Nachricht: Die Wunde an seinem Bein war lange der Hitze ausgesetzt, nun hat sie sich infiziert! – Cappuccinos Bein kann nicht mehr gerettet werden. Schweren Herzens müssen die Tierärzte von VIER PFOTEN die Vorbereitungen zur Amputation treffen, sonst ist das Leben des Hundes in Gefahr.

Währenddessen läuft vor dem Zelt – bangend und Stoßgebete zum Himmel schickend – Cappuccinos Herrchen auf und ab. Um ihn herum herrscht reges Treiben: VIER PFOTEN ist seit Februar 2012 mit seinem Streunerhilfe-Projekt im Sudan. Allein im ersten Monat wurden 150 Hunde und Katzen behandelt. Das große Ziel ist es,

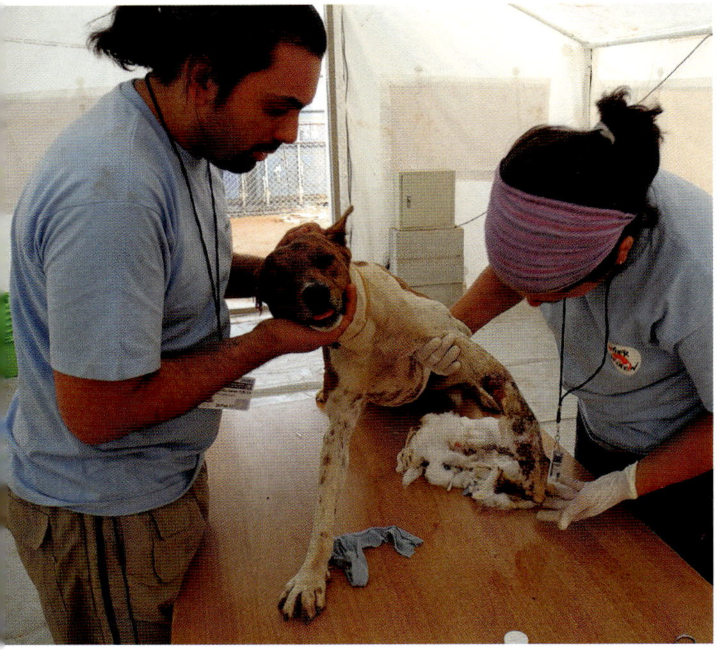

die Verfolgung und Tötung von Streunertieren zu stoppen. Doch alles, was um ihn herum passiert, nimmt Cappuccinos Herrchen in diesem Moment nicht wahr. Zu groß ist die Angst um seinen verletzten Freund.

Als der junge Hund nach Stunden des Schlafes endlich die Augen öffnet und die verschwommenen Umrisse seines Herrchens erkennt, schlägt seine Müdigkeit sofort in Freude um. „Ich habe es überstanden! Danke!", bellt er und ist froh, am Leben zu sein. Zunächst noch etwas unsicher hüpft er auf seinen nunmehr drei Beinen und bellt ein weiteres Mal: „Danke!" Dann nimmt ihn sein Herrchen in die Arme und trägt ihn aus dem Zelt – nach Hause, in eine glückliche Zukunft.

CAPPUCCINO

- *Cappuccino ist 4 Jahre alt.*
- *Wurde von einem Auto angefahren.*
- *Ein Mitarbeiter von UNAMID rief VIER PFOTEN zu Hilfe.*
- *Cappuccinos Bein musste amputiert werden.*
- *Er lebt jetzt wieder bei seinem Besitzer in einem schönen Garten.*

MULAN

Viel zu viele Autos drängeln sich auf den Straßen Bukarests. Der Lärm der Motoren wird nur vom Hupen der hektischen Fahrer übertönt. Sie alle haben nur ein Ziel: nach Hause! Denn heute ist es besonders kalt. Dunkle Gewitterwolken ziehen auf. Eisige Windböen wehen durch die Stadt. Die Gehsteige sind menschenleer. Am Straßenrand: ein Hundebaby. Ganz alleine und verloren. Die Kleine rührt sich kaum noch. Die Kälte hat sie gelähmt. Sie zittert nicht einmal, sogar dazu fehlt ihr die Kraft. Erst vor wenigen Tagen ist sie zur Welt gekommen! Sie weiß noch: Trotz der Kälte war ihr unendlich warm und sie fühlte sich geborgen. Und plötzlich liegt sie hier – niemand hört sie wimmern. Als es Nacht wird, jault sie noch ein letztes Mal verzweifelt: „Mama!" Das laute Hupen und das Geräusch der quietschenden Reifen nimmt sie kaum mehr wahr.

Das ist alles, was Mulan von jenem Schicksalstag noch weiß. Schwanzwedelnd schmiegt sie sich an Anca. Die Tierärztin von VIER PFOTEN hatte die junge Schäfermischlingshündin am Straßenrand entdeckt. Als sie den Lkw sah, der immer schneller auf das Hundebaby zukam, sprang sie ohne zu überlegen aus ihrem Auto, lief vor den Truck, packte den Welpen und rettete ihm damit das Leben. Instinktiv begann Mulan an Ancas Finger zu nuckeln. Wie es schien, hatte die kleine Hündin ihren Schutzengel sofort ins Herz geschlossen.

Dass Mulan nun ein Mitglied der Tierarztfamilie ist, verdankt sie Ancas Tochter Sara.

Denn eigentlich hätte sie zu einem anderen Herrchen kommen sollen, Anca hatte schon fünf gerettete Hunde bei sich aufgenommen. Aber die 7-jährige Sara und Mulan hatten sich auf Anhieb gerne und so durfte die Hündin bleiben. Auch den außergewöhnlichen Namen hat sie von ihrem jungen Frauchen bekommen. Mulan ist nämlich ursprünglich der Name der Heldin eines Zeichentrickfilms, die alles daransetzt, die Schwachen und Hilflosen zu beschützen.

Und das tut Mulan in gewisser Weise ebenfalls. Obwohl sie noch sehr jung und verspielt ist, ist sie seit März 2012 als Therapiehündin im Einsatz. Sie schenkt

Kindern mit besonderen Bedürfnissen, die mit dem Downsyndrom geboren wurden, Freude. „Habt keine Angst, ich tue euch nichts", bellt sie jedes Mal freundlich, sobald sie in das Therapiezimmer läuft. Und die Kinder scheinen sofort zu spüren, dass sie sich vor ihr nicht fürchten müssen. Seit Kurzem besucht die junge Hündin auch Menschen in Altersheimen und lässt sie für einige Zeit den meist grauen Alltag vergessen.

Mulan weiß: Sie hatte großes Glück. Trotzdem legt sie manchmal traurig den Kopf auf die Pfoten, schließt die Augen und denkt an ihre Mutter, an die sie sich kaum erinnern kann. Aber vier Worte sind ihr im Gedächtnis geblieben: „Ich hab dich lieb!" Und dann? Dann kamen Männer und zerrten ihre Mutter fort. Kein Knurren, kein Jaulen half – sie musste ihre Welpen zurücklassen. „Vielleicht ist sie noch irgendwo da draußen ...", hofft Mulan sehnsüchtig.

MULAN

- *Von Anca (einer Tierärztin von VIER PFOTEN) in der Nähe von Bukarest auf der Straße vor einem Lkw gerettet.*
- *Anca pflegte die junge Mulan bei sich zu Hause. Ihre Tochter Sara verliebte sich in den Hund und so behielten sie die junge Hündin.*
- *Seit März 2012 ist Mulan auch als Therapiehund im Einsatz.*

PHÖNIX & LENA

Der junge Hund mit dem struppigen Fell streift auf der Suche nach etwas Essbarem durch die Gassen der griechischen Insel Kreta. Er tapst vorbei am Campingplatz, vorbei an den überfüllten Abfalleimern und vorbei an der Müllhalde, wo er sonst immer die eine oder andere Köstlichkeit findet, die die Menschen weggeschmissen haben. Aber heute ist irgendetwas anders. Irgendetwas lockt ihn zu der Taverne.

„Endlich da!", bellt der Kleine leise und biegt um die Ecke. Wie immer läuft er von Tisch zu Tisch, um die Essensreste, die auf dem Boden liegen, einzusammeln. Dabei bleibt er nicht unentdeckt: Aus den Augenwinkeln beobachtet ihn freundlich ein Mann und wirft ihm ein Stück seines Fladenbrots zu. Der kleine Hund bellt ein kurzes „Dankeschön", schlingt den Leckerbissen genüsslich hinunter und setzt sich aufrecht vor seinen Wohltäter hin – glücklich hechelnd, mit herausgestreckter Zunge. „Vielleicht bekomme ich ja noch mehr …", denkt er sich.

„Kommt der Kleine öfter?", fragt der Mann den Wirt. Der nickt, trocknet weiter die Gläser ab und sagt beinahe beiläufig: „Aber er wird es nicht durch den Winter schaffen, wenn erst einmal der Campingplatz zusperrt. Keine Touristen, kein Essen!" Geschockt schaut der Mann den Wirt an. Dann sieht er wieder zu dem kleinen Streuner. Doch diesmal wirkt sein Blick ernst und auch etwas traurig. „Was habe ich denn falsch gemacht?", fragt sich der junge Hund. Und als er meint, dass er hier wohl kein Essen mehr bekommen wird, wendet er sich ab, um weiter nach Resten zu suchen. Als er sich wieder umdreht, kniet plötzlich der Mann vor ihm und lächelt ihn an. Einige Sekunden verstreichen, bis er sagt: „Mein Name ist

Heli. Und du, mein Kleiner, wirst durch den Winter kommen! Ich werde dich mit nach Österreich nehmen und für dich sorgen."

Drei Jahre später ist Phönix ein fester Bestandteil der Dungler-Familie. Umso trauriger ist er, als er zu Hause bleiben muss, während Heli Dungler, Gründer von VIER PFOTEN, nach Rumänien aufbricht, um dort ein Streunerhilfe-Projekt in die Tat umzusetzen. Vorwurfsvoll schaut er seinem Herrchen hinterher.

VIER PFOTEN hat am Stadtrand von Bukarest eine Rettungsstation für Straßenhunde eingerichtet. In dem Gebäude, in dem früher streunende Hunde getötet wurden, sollen – dank der Spenden von zahlreichen Tierfreunden – herrenlose Hunde kastriert, registriert und anschließend wieder freigelassen werden. Auch Tierärzte aus Österreich und Deutschland unterstützen in der Anfangszeit ihre rumänischen Kollegen.

Kurz nach seiner Ankunft in der Rettungsstation fällt Heli Dungler ein semmelblonder Welpe auf, der ihn nicht aus den Augen lässt. Die kleine Hündin wurde einige Tage zuvor in der Nähe des Zentrums zusammen mit ihrer Mutter und fünf Geschwistern in einer Kartonschachtel gefunden. Vom ersten Augenblick an folgt sie Heli Dungler überall hin. Ungeschickt tapst sie mit ihren kurzen Beinchen hinter ihm die Stiegen hinunter. Nicht einen Moment weicht sie von seiner Seite. Es ist für alle zu sehen: Das kleine Wollknäuel hat Heli Dungler ins Herz geschlossen. Doch der hat ja bereits einen Hund und will eigentlich keinen zweiten, weil er ohnehin immer auf Reisen ist, um in den verschiedensten Ländern Tieren zu helfen. Aber wird er die kleine Hündin mit dem treuherzigen Blick wirklich in Bukarest zurücklassen können?

Als Heli Dungler nach Hause zurückkehrt, merkt Phönix schon von Weitem, dass etwas anders ist: Das war doch ein Bellen, oder? Und da, schon wieder! Sekunden später stürmt ein kleiner Hund ins Zimmer und begrüßt Phönix mit lautem Gebell. „Ein Hundemädchen?", Phönix legt den Kopf schief und blickt fragend zu seinem Herrchen hinauf. Der lacht, schüttelt den Kopf und meint: „Die Kleine wollte mich gar nicht mehr alleine lassen – bis ins Auto ist Lena mir gefolgt." Lena – das ist also ihr Name. Tollpatschig ist sie. Und so hilflos. Aber irgendwie süß ist sie auch. „Ich werde auf sie achtgeben müssen", brummt Phönix.

Doch nach ein paar Tagen findet Phönix, dass das Wollknäuel Lena alle Aufmerksamkeit auf sich zieht. Seine Laune verschlechtert sich. Ist er etwa eifersüchtig auf seine kleine Schwester? Nein, sie kann ja nichts dafür, knurrig sein, das will er dann auch nicht.

Aber so leicht gibt Phönix nicht auf und heckt einen Plan aus: „Ich weiß schon, wie ich mir die Aufmerksamkeit wieder zurückhole …" Und plötzlich – von einem Tag auf den anderen – hinkt Phönix mit dem linken Bein. Sofort steht er wieder im Mittelpunkt. Ein Termin beim Tierarzt ist bereits vereinbart. Phönix wird mit Mitleid

überschüttet und bekommt extra Streicheleinheiten – sein Plan hat funktioniert! „So kann es für immer bleiben!“, bellt er glücklich. „Ich muss nur aufpassen, dass ich immer mit dem richtigen Bein hinke.“ Phönix hält kurz inne. Welches war es doch gleich? Das rechte, oder!? – Hoffentlich merkt niemand den Trick! Da steht plötzlich Heli Dungler vor ihm: „Na so etwas, heute in der Früh hat dir doch das linke Hinterbein wehgetan.“ Schelmisch zwinkert er mit den Augen: „Aber zum Glück habe ich genau die richtige Medizin!“ Er nimmt Phönix an die Leine und macht mit ihm einen langen Spaziergang – sofort ist das Hinken vergessen.

Mit der Zeit verschwindet die Eifersucht, die Phönix zu Beginn empfunden hat, und er und Lena werden unzertrennlich. Und wenn nachts alles still und dunkel ist, dann erzählt Phönix von Griechenland und Lena von Rumänien: Wie sie beide einer schrecklichen Zukunft entkommen sind. Und dass sie froh sind, hier zu sein. „Wie kalt es jetzt in Bukarest sein muss!“, flüstert Lena. „Und wie trostlos auf der von den Touristen verlassenen Insel!“, flüstert Phönix zurück. Und dann gemeinsam: „Wie schön ist es doch hier!“

PHÖNIX & LENA

- *1993 traf Heli Dungler bei Filmrecherchen auf Kreta auf einen ca. halbjährigen Streuner und nahm Phönix mit nach Wien.*
- *Phönix blieb sein Leben lang im Herzen ein Streuner und liebte es, im Müll zu stöbern.*
- *1995 baute VIER PFOTEN eine ehemalige Hundetötungsstation zu einer Kastrationsstation für Straßenhunde um. Bei einem Besuch wurde Heli von einem 5–6 Wochen alten Welpen „adoptiert“.*
- *Heli Dungler nahm Lena mit nach Wien.*
- *Als Lena zur Familie stieß, begann Phönix aus Eifersucht zu humpeln. Dank extra Streicheleinheiten wurde er umgehend gesund.*
- *Phönix und Lena wurden ein Herz und eine Seele.*

KITTY

Schwere Regentropfen prasseln auf das zarte Fell des Kätzchens, das sich mühsam, ohne seine linke Vorderpfote bewegen zu können, durch die lauten Straßen von Lviv schleppt. Die Fußgänger der westukrainischen Stadt hasten mit starren Mienen an der kleinen Streunerkatze vorbei. Niemand hilft ihr. Keine Menschenseele steht ihr bei. Kitty ist verletzt, sie hat Schmerzen. Ist sie von einem Auto angefahren worden? Oder hat man ihr die schlimmen Verletzungen vielleicht gar absichtlich zugefügt?

Nichts ist wie früher – als sie noch die Wärme ihrer Brüder und Schwestern spürte. Was früher war? Kitty kann sich kaum mehr erinnern. Nur so viel weiß sie: Eines Morgens waren ihre Mutter und ihre Geschwister plötzlich fort. Die kleine Katze musste mit einem Mal mutterseelenallein in dieser Welt zurechtkommen.

Viele Tage und Nächte irrt das erst wenige Monate alte Kätzchen nun schon hinkend durch die Straßen. Kläglich miaut es in das Unwetter, das jetzt am Himmel immer

heftiger aufzieht. Verzweifelt sucht es einen trockenen Unterschlupf. Und sein letzter schwacher Hilferuf wird vom Verkehrslärm verschluckt: „Mama! Hilf mir!"

Aber das vertraute beruhigende Schnurren der Mutter bleibt aus. Stattdessen ein lautes Dröhnen – fast wie eine Kettensäge hört es sich an! Die Angst der kleinen Katze vergrößert sich. Schwere Schritte kommen immer näher. Dann eine brummende Stimme – sie klingt bedrohlich. Kitty ahnt in diesem Moment noch nicht, dass ihr als Retter ein Biker auf einem schweren Motorrad geschickt wurde. „Mama!", will das Kätzchen verzweifelt miauen. Doch da wird es auch schon von zwei großen Händen vom Boden gehoben. Hilflos zappelt es mit den Hinterpfoten in der Luft. Dann ergibt es sich seinem Schicksal. Doch was ist das? „Beruhig dich doch, Kleines. Bei mir bist du sicher", flüstert der Mann mit tiefer Stimme dem zitternden Fellbündel sanft zu. Er mag ja nach außen hart wirken, wie er da ganz in Schwarz vor Kitty steht, doch sein Herz ist weich – das spürt das kleine Findelkind in dieser Sekunde. Und noch etwas weiß das Kätzchen in diesem Moment: Es ist gerettet!

Die Helfer der mobilen Tierklinik sind ein bisschen verwundert, als sie Alex das erste

Mal sehen – ein Biker kommt hier nicht oft vorbei. Doch dann drückt ihnen der Motorradfahrer eine Schuhschachtel mit Löchern in die Hand. In ihr – die kleine Kitty!

Völlig entkräftet, verletzt und durchnässt, so hat Alex das junge Kätzchen aufgelesen. Ungläubig hat er über die Gleichgültigkeit der anderen Passanten den Kopf geschüttelt. Es müssen wohl Dutzende gewesen sein, die achtlos über das am Boden liegende Katzenbaby gestiegen waren. Einige hatten zwar kurz innegehalten, aber keiner von ihnen war stehen geblieben und hatte Kitty in den Arm genommen oder gestreichelt. Doch dann war Alex da, hatte sie geschnappt und war mit ihr direkt zum momentanen Standort der VIER PFOTEN Klinik gefahren. In der Gewissheit: Hier wird man Kitty helfen!

Kitty ist schwach, aber sie fühlt die Geborgenheit und die Liebe, mit der sie in der Klinik aufgenommen wird. Sie kann kaum ihre Augen offen halten. Vorsichtig beschnuppert sie ihr Fell und bemerkt erstaunt, dass es trocken und sauber ist. „Hier ist es so schön warm", seufzt sie. „Aber", denkt sie plötzlich und stellt die Ohren auf, „wie bin ich hierhergekommen?" Da spürt sie, wie sie jemand ganz sanft streichelt. Es ist Alex – ihr Schutzengel, der sich von ihr verabschieden möchte, bevor er die Klinik wieder verlässt! Sofort beginnt das junge Kätzchen zufrieden zu schnurren.

Aber als sich die Tierärzte von VIER PFOTEN um Kittys verletzte Pfote kümmern wollen, ist im Nu die Angst wieder da: „Was macht ihr mit mir? Was ist denn los?" Die kleine Katze versucht sich zu wehren, doch die beiden Ärzte wissen genau, was sie tun. Sanft, aber bestimmt halten sie Kitty – und schon hat sich das Kätzchen wieder beruhigt. Nur etwas verwirrt ist es jetzt: „Was ist das Weiße an meiner Pfote? Und was soll die Socke?" – „Verband und Schiene", erklären die VIER PFOTEN Tierärzte, als hätten sie die Frage gehört.

Es sind aufregende Tage für Kitty. Der Straßenlärm, die prasselnden Regentropfen und alles andere, das ihr Katzenleben so

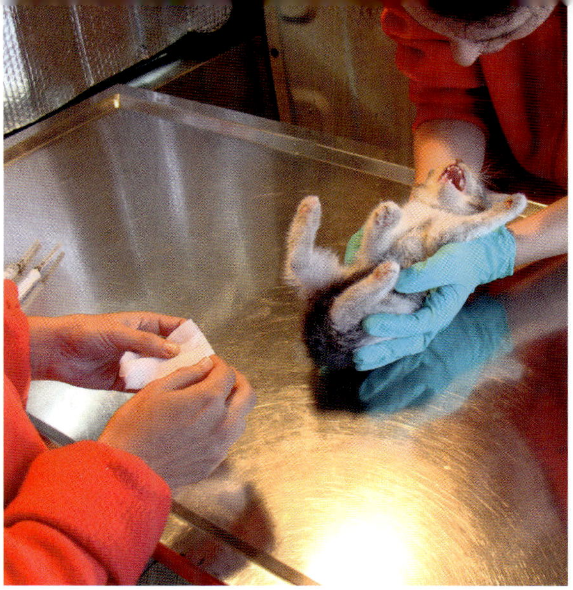

schwer gemacht hat, sind weit weg und nur noch eine böse Erinnerung. Und obwohl sich das kleine Kätzchen langsam erholt, ist es noch immer traurig, verkriecht sich in die hinterste Ecke seines Aufwachkäfigs und lässt Wasser und Essen unberührt stehen. „Was hat sie denn?“ Die besorgten Ärzte der mobilen Tierklinik sind ratlos: „Wir haben doch alles getan?“ Erst als am nächsten Nachmittag Alex, der Motorradfahrer, überraschend in die Klinik kommt, um Kitty zu besuchen, wird allen mit einem Schlag klar, was ihr gefehlt hat: Alex, ihr Retter und Beschützer!

Als sie ihn sieht, richtet sich Kitty trotz ihrer gebrochenen Pfote schnell auf, miaut freudig und lässt sich durch das Gitter des Abteils hindurch streicheln. „Könnte ich doch bei ihm bleiben!“, denkt sie sehnsüchtig und fängt an zu schnurren. Was dann passiert, kann die kleine Katze kaum glauben: Ihr Schutzengel will sie mit nach Hause nehmen! „Ja! Bitte lasst mich bei ihm wohnen!“, ruft das Kätzchen so laut es kann. Und Alex und die Tierschützer von VIER PFOTEN deuten das Miauen ihres Schützlings richtig.

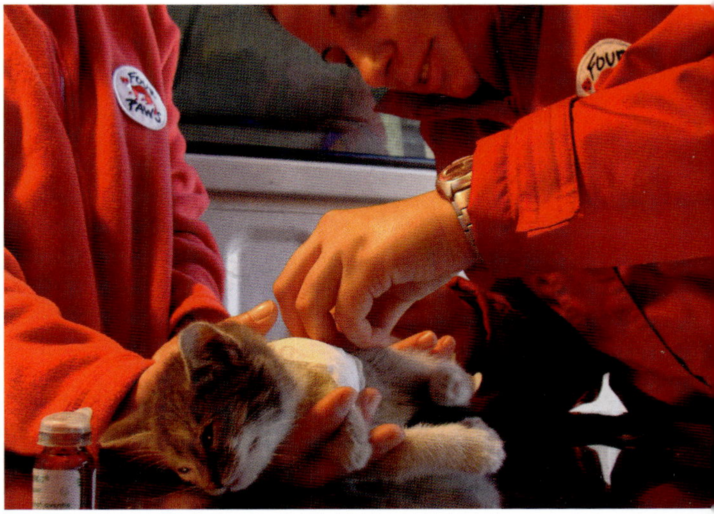

Alex lächelt Kitty an. Und Kitty schnurrt zurück. Zum ersten Mal seit Langem fühlt sie etwas, das ihr einst nur ihre Mutter geben konnte: Sicherheit. Kitty schmiegt sich an ihren Beschützer. „Danke!“, miaut sie glücklich. Und diesmal verschluckt kein Straßenlärm ihren Ruf.

KITTY

- *Ehemalige Streunerkatze aus Lviv / Ukraine.*
- *Wurde im Herbst 2012 von einem Mann (Alex) verletzt auf einer großen Straße gefunden.*
- *Alex brachte Kitty mit dem Motorrad in die mobile VIER PFOTEN Klinik.*
- *Kätzchen wurde untersucht und versorgt, linke Vorderpfote war gebrochen und wurde fixiert.*
- *Am nächsten Nachmittag kam Alex zurück und bot sich an, Kitty aufzunehmen – sie lebt seitdem bei ihm.*

NASTIA

Wie ein Bärenjunges der Mutter entrissen wurde und am Ende eine neue Heimat fand.

Es ist die weiche Pfote ihrer Mutter, die Nastia sanft berührt und den tristen Betonkäfig, der gerade groß genug für sie beide ist, zu ihrem Zuhause macht. Die warme, brummende Stimme ihrer Mutter und ihr liebevoller Blick geben dem vier Monate alten Bärenkind die Gewissheit, in Sicherheit zu sein. Einen Moment noch ist es ruhig im ukrainischen Zoo. Einen Moment noch ist Nastias Welt heil. Aber dann nähern sich plötzlich eilige Schritte.

Das kleine Bärenkind hört das klickende Geräusch eines sich öffnenden Schlosses und die schroffe Stimme eines Mannes. Als Nächstes spürt Nastia eine kalte, raue Hand in ihrem Nacken. Bevor sie noch „Mama!" rufen kann, krallen sich fremde Finger grob in ihr Fell und reißen sie aus dem Käfig. Die Bärenmutter ist für einen kurzen Augenblick starr vor Schreck, dann aber beginnt sie wie wild zu brummen und auf und ab zu laufen: „Nastia! Ich helfe dir! Ich helfe dir!"

Immer wieder wirft sich die große Bärin gegen die Gitterstäbe des Käfigs – vergeblich. Hilflos und wütend muss sie zusehen, wie Nastia von zwei Männern in eine hölzerne Box, nicht viel größer als eine Schuhschachtel, gesteckt wird. Die kleine Bärin versucht

sich mit aller Kraft zu wehren, und schon jetzt kann man ihre spätere Stärke, wenn sie einmal ausgewachsen sein wird, erahnen. Ein letztes Mal schafft es Nastia ihre Schnauze aus dem Käfig zu stecken, verzweifelt klammert sie sich mit ihren kleinen Tatzen an den Rand der Box und versucht sich herauszuziehen. „Mama!", kreischt sie so laut sie kann. Dann wird sie von einem der Männer unsanft in die Schachtel gedrückt und sitzt in ihrem hölzernen Gefängnis fest. „Mama!", ruft Nastia noch einmal – doch diesmal klingt ihr Ruf viel schwächer. Die Antwort ihrer Mutter hört sie nicht. Der Motor des Autos, in das Nastia gehievt wurde, brummt lauter als ihre schwachen Hilfeschreie.

„Wo bringt ihr mich hin? Wo ist meine Mama?", wimmert die kleine Bärin verzweifelt. „Du wirst Fotomodell! Freu dich doch!", höhnen die beiden Männer. Nastia wird an einen Tierhändler verkauft, der sie als Foto-Bär, als Touristenattraktion weiterverkaufen will. Das Bärenjunge versteht nicht, was mit ihm geschieht. Traurig schließt es die Augen.

Zwei Wochen ist Nastia nun schon ganz alleine in einem winzigen Käfig eingesperrt. Ihr Fell ist struppig und sie ist ganz abgemagert – ihr fehlt ihre Mutter. Das Futter, das

sie von dem Tierhändler bekommt, macht sie nicht satt. Traurig schlägt die kleine Bärin immer wieder ihren leeren Futternapf gegen die Gitterstäbe.

Aber Rettung naht: Eines Tages steht plötzlich Amir, Leiter des Ukraine-Projekts von VIER PFOTEN, vor Nastias Käfig. Er hat von dem Schicksal des Bärenkindes erfahren und ist gekommen, um es zu befreien. Nie wieder soll Nastia ein solches Gefängnis ihr Zuhause nennen müssen. Die kleine Bärin kann es kaum glauben: Sie wird endlich ihre Mutter wiedersehen!

Zurück in ihrem alten Zoo wartet auf Nastia jedoch eine böse Überraschung: Ihre Mutter erkennt sie nicht wieder! „Mama! Ich bin es! Ich bin wieder da!", brummt die Kleine erschrocken. Aber Masha kann ihr eigenes Kind nicht mehr annehmen. Zu oft schon wurden der Bärin in den vergangenen Jahren ihre Jungen genommen, um sie an Tierhändler zu verkaufen. Für die Mutter bedeutet das neben der großen körperlichen Anstrengung, jedes Jahr ein Kind zu gebären, auch jedes Jahr ein Kind vergessen zu müssen. Der Schock sitzt tief. Der Schaden ist unwiderruflich angerichtet. Was bleibt, ist die Gewissheit, dass etwas fehlt.

Kurz entschlossen plant VIER PFOTEN eine gemeinsame Überstellung von Masha und Nastia in eine tiergerechte Rettungsstation, die allerdings erst gebaut werden muss.

„Wie lange müssen wir hier noch bleiben?“, will Nastia wissen. Wieder ist es Amir, der die kleine Bärin tröstet: „Bald werdet ihr ein echtes Zuhause haben!“ Nastia kann es kaum erwarten, endlich nicht mehr in einem engen Käfig eingesperrt zu sein. Auch Masha träumt Nacht für Nacht von einem Leben unter freiem Himmel. Tag für Tag rückt die Befreiung näher. Endlich ist es für Nastia so weit. Es ist November. Die Blätter sind bereits von den Bäumen gefallen. Der Wind weht sanft. Leise scheint er der kleinen Bärin zuzuflüstern: „Heute beginnt dein neues Leben!“

Mit in Honig getunktem Brot und Weintrauben locken die Helfer von VIER PFOTEN Nastia in den Transportkäfig. Nach einer langen Autofahrt kommt das Bärenjunge schließlich wohlbehalten in seiner neuen Heimat an: 159 Kilometer von Kiew entfernt, in der Region Zhytomyr. Hier wird Nastia in Zukunft in einem riesigen Gelände ein glückliches Bärenleben führen! Hier hat sie viel Platz, Bäume, auf die sie klettern, und einen Teich, in dem sie schwimmen kann. Momentan bewohnt nur Nastia das Areal, aber schon bald sollen auch andere gerettete Bären hier untergebracht werden. Sie wird also nicht alleine bleiben.

Im alten Zoo sitzt Masha in ihrem Käfig. Sie konnte nicht gemeinsam mit Nastia

überstellt werden. Der Zoodirektor hatte ihre Herausgabe im allerletzten Moment verweigert. Aber VIER PFOTEN gibt nicht auf! Regelmäßig besucht Amir die Bärin, um nach ihr zu sehen. Aufmunternd lächelt er ihr zu und hat dabei ein Zwinkern in den Augen. Und Masha versteht – auch sie wird irgendwann in Zhytomyr ihren Platz finden!

NASTIA

- *Ende Juni 2012: Vier Monate altes Bärenjunges Nastia wird in einem ukrainischen Zoo der Mutter entrissen.*
- *VIER PFOTEN leitete innerhalb kürzester Zeit die Konfiszierung des Bärenjungen in die Wege.*
- *Von Anfang an war die Überstellung in ein artgerechtes Gehege gemeinsam mit der Mutter geplant, da die Bedingungen im Zoo schlecht waren – Lösung: 10.000 Quadratmeter großes Gelände in der Region Zhytomyr, 159 km westlich von Kiew.*
- *Ende November 2012 wurde Nastia von VIER PFOTEN in ihr neues Zuhause gebracht.*

SUCI & SRI

Wie eine Orang-Utan-Mutter und ihr Kind in letzter Minute gerettet und in ein sicheres Zuhause gebracht werden konnten.

Ein altes Sprichwort sagt: Die Hoffnung stirbt zuletzt. Doch für Suci und ihre Tochter, Sri, scheint es keine Hoffnung mehr zu geben. Der Himmel über der Palmölplantage in Kalimantan Timur in Borneo hat sich verdunkelt. Die beiden Orang-Utans sind eingeschlossen – umringt von bewaffneten Kopfgeldjägern.

Die Männer sind auf schnelles Geld aus, das die Plantagenbesitzer all jenen versprechen, die einen Orang-Utan erlegen. Der Lohn pro Tier beträgt eine Million Rupien. Das sind umgerechnet etwa 80 Euro. Als Begründung geben die Plantagenbesitzer an, dass die Affen sich an den Früchten ihrer Plantagen vergreifen. Wahr ist aber, dass die Plantagenbesitzer den Tieren ihren Lebensraum rauben und ihn zerstören, indem sie nach und nach Baum für Baum fällen – entweder weil sie das Holz als Rohstoff wollen oder den Platz zum Anbau von Palmen, deren Palmöl für Kosmetika, Süßigkeiten und Fertiggerichte genützt wird, brauchen.

Früher bewohnten unzählige Orang-Utans die Wälder Borneos. Heute wird Jagd auf sie gemacht, weil immer mehr Menschen immer größere Teile ihres Lebensraumes roden. Während die erwachsenen Orang-Utans getötet werden, werden ihre Jungen oft als Schoßtiere verkauft.

„Hilf mir, Mama! Ich fürchte mich so!", winselt Sri verzweifelt. Ängstlich klammert sie sich an ihrer Mutter fest. Die ist starr vor Angst. Tagelang sind sie auf der Plantage herumgeirrt, haben Nahrung gesucht und auf den jämmerlichen Bäumen, die inmitten der gerodeten Ödnis übrig geblieben waren, ihr Schlafnest gebaut. Sri ist eigentlich schon selbstständig genug, um ein eigenes Nest zu bauen, aber hier gibt es dafür keinen Platz und Mutter und Tochter sind in Todesangst.

Nun sitzen sie endgültig in der Falle: Suci ist schwanger und beide sind vom Hunger geschwächt. Noch einmal sammelt die Mutter ihre letzten Kräfte, um ihre Tochter und sich selbst zu schützen. Die Situation scheint ausweglos. Die Männer, die Suci und Sri auf der Plantage bei der Nahrungssuche entdeckt haben, kommen immer näher. „Ich hab dich lieb, mein Kind", flüstert Suci Sri zu. Sie

erlaubt Sri, unter ihren Arm zu schlüpfen, und schützt sie mit ihrem Körper. So warten die beiden auf den unausweichlichen Angriff.

Sekunden verstreichen. Suci kauert über ihrem Kind und wartet. Plötzlich hört sie ein Auto, dann weitere Menschen. Sie reden. Es herrscht Aufregung. Eine schroffe Stimme. Es wirkt wie eine Verhandlung. Vorsichtig öffnet die Affenmutter ihre Augen einen Spaltbreit. Vor sich sieht sie – ein freundliches Gesicht!

Plötzlich lebt die Hoffnung wieder. Plötzlich ist die Dunkelheit verschwunden. Plötzlich strahlt die Sonne wieder hell vom Himmel. Suci öffnet ihre Augen ganz und sieht, wie die Kopfgeldjäger ihre Waffen sinken lassen und Menschen Platz machen, die die beiden Orang-Utans anlächeln und sich ihnen vorsichtig nähern. „Mama, wir sind gerettet!“, jubelt Sri freudig. Wären die Retter von VIER PFOTEN nur eine Sekunde später gekommen, die Kopfgeldjäger hätten Suci, Sri und das ungeborene Baby getötet.

Die meisten Orang-Utans in Borneo leben heute, von Plantagen und gerodeten Flächen getrennt, weit voneinander entfernt

auf einzelnen Waldinseln, den Überbleibseln der Rodungssucht geldgieriger Menschen. Verirrt sich ein Affe auf eine Plantage, besteht die Gefahr, dass er gejagt und getötet wird. Als Sucis und Sris Helfer eintreffen, sind die beiden die letzten Orang-Utans, die sie auf diesem Gelände finden. Die Retter bringen die Affenmutter und ihr Kind in ein sicheres Zuhause: eine Waldregion im Besitz der BOS-Stiftung. Geschützt durch Orang-Utan-Hüter, können Suci und Sri von nun an ohne Angst vor Wilderern leben. Dank VIER PFOTEN und deren Spendern!

Die beiden Orang-Utans werden mit Chips ausgestattet, die es wie ein Reisepass ermöglichen, Suci und Sri zu identifizieren. Suci erhält zusätzlich noch einen Sender, der es den Orang-Utan-Hütern ermöglicht, die werdende Mutter wieder zu orten. Sri ist dafür noch zu klein. Doch lange, das wissen die Tierschützer, wird sie nicht mehr bei ihrer Mutter bleiben. Wenn Suci ihr nächstes Kind zur Welt gebracht hat, wird sie sich ganz auf das Neugeborene konzentrieren. Sri wird dann alleine umherstreifen und nur noch ab und zu mit ihrer Mutter und ihrem kleinen Geschwisterchen zusammen sein. Die Tierfreunde haben eine schwere Entscheidung zu treffen: Sie müssen Sri ohne Sender in die neue, sichere Umgebung entlassen.

Seit damals ist fast ein Jahr vergangen und der Sender eines anderen geretteten und wieder freigelassenen Orang-Utans, Berlian, ist seit zehn Tagen nicht mehr geortet worden. Die Orang-Utan-Hüter machen sich auf, um Berlian zu finden. Ihre Suche führt sie immer tiefer in den Urwald. Die Bäume sind turmhoch und Lianen und Bambus bilden ein dichtes Gestrüpp. Kaum ein Sonnenstrahl dringt durch das satte Grün. Es ist heiß und feucht. Die Tierfreunde bahnen sich mühselig einen Weg durch den Dschungel, stehen still und versuchen Berlians Sender zu orten. Plötzlich bemerken sie, wie sich in einer Baumkrone viele Meter über ihnen etwas bewegt. Im grünen Blätterdach erscheint ein kleines Gesicht. Augenblicklich herrscht Stille. Ein, zwei fragende Blicke. Ein Lächeln. Und schließlich ein glückliches Lachen: „Schaut, wer da erwachsen geworden ist – unsere Sri!"

SUCI & SRI

- *Zerstörung der Regenwälder für Biosprit, Palmöl und Kohletagebau wird immer mehr zum politischen Thema, Orang-Utans werden abgeschlachtet, Junge weiterverkauft oder zum Sterben zurückgelassen.*
- *Ein von VIER PFOTEN finanziertes Team fand die schwangere Orang-Utan-Mutter mit ihrem Kind als letzte Überlebende in diesem Gebiet.*
- *Mutter Suci bekam einen Sender, um Wanderungen nachzuvollziehen (Sri war zu jung).*
- *Ein Jahr später war ein Suchtrupp unterwegs, der nach einem anderen Orang-Utan suchte – Sri wurde dabei zufällig wiedergefunden.*

CARMEN

Ein afrikanisches Märchen: Wie Carmen ihre beste Freundin verliert und die beiden einander schlussendlich im Paradies wiederfinden.

Im Safaripark Gänserndorf herrscht an diesem Abend eine ganz besondere Stimmung: Zum letzten Mal sehen die Löwen, die hier leben, die Sonne über dem Marchfeld untergehen. Denn der Safaripark, der besser geeignet als die meisten anderen Unterbringungen für Großkatzen in Europa ist, wird geschlossen. Es fehlt an Geld, um ihn weiterzuführen. Nur noch wenige Stunden, dann werden Carmen und ihr Rudel südafrikanischen Boden unter den Pfoten spüren: in ihrem neuen Zuhause – in LIONSROCK.

Rund um den atemberaubenden Gipfel, nach dem das Großkatzenparadies in Südafrika benannt ist, leben auf einem riesigen Gelände, das etwa so groß wie 1.600 Fußballfelder ist, Gnus, Pferde, Zebras, Antilopen und nun bald auch – Löwen. Vor allem Carmen ist besonders aufgeregt. „Endlich in die Heimat!", ruft sie, als sie die Kleinbusse bemerkt, die sie und die anderen Löwen aus dem Safaripark abholen sollen.

Carmen beobachtet, wie die Pfleger aussteigen. Sie murmeln kurz etwas, drehen sich um und kommen mit eiligen Schritten auf das Löwengehege zu. Eine glückliche Stunde für das Rudel ist angebrochen. Doch der Tierarzt hat eine schlechte Nachricht: Lulu, die alte Löwendame, kann nicht nach Südafrika gebracht werden. Die Reise ist zu anstrengend. Sie ist zu schwach! Sofort steht für Carmen fest: „Ohne Lulu gehe ich nicht weg!" Auch die Pfleger sind sich einig – wenn Lulu nicht reisen kann, dann muss eine Freundin bei ihr bleiben. Man kann sie nicht alleine lassen!

Von einem Moment auf den anderen bleiben Carmen und Lulu nur die in der Ferne immer kleiner werdenden Busse als Erinnerung an ihr Rudel. Und schon ist es Nacht im Zoo in Gänserndorf und eine gespenstische Stille hat sich über die leeren Gehege ausgebreitet. Einzig und allein Lulu und Carmen sind noch hier. Es ist nicht kalt, trotzdem kuscheln sich die beiden Löwinnen aneinander – vielleicht um sich nicht mehr so einsam zu fühlen. „Wie es unserem Rudel wohl ergehen mag?", schnurrt Carmen ihrer alten Freundin zu. Die schaut nur müde zurück, legt ihren Kopf auf die Pfoten und schläft ein. Aber Carmen kann nicht schlafen, die Sehnsucht nach ihrer neuen Heimat hält sie wach: „Bald werde auch ich zu Hause sein. Ich bin mir sicher."

Etwa dreizehntausend Kilometer von den beiden entfernt beginnt für die anderen Löwen ein neues, glückliches Leben. Sie sind die Pioniere, diejenigen, die LIONSROCK einweihen dürfen. Der Medienrummel ist groß, immerhin ist dies das erste Projekt seiner Art. Das Rudel erwartet hier ein löwengerechtes Leben, das ihnen kein noch so gut ausgestatteter Zoo bieten kann: viel Platz und Auslauf, einen natürlichen Lebensraum und eine spielerische Nahrungssuche, um die Sinne der Großkatzen zu schärfen. Und

tatsächlich beginnen die Löwen, kaum dass sie in LIONSROCK angekommen sind, sofort und zum ersten Mal ihre Urinstinkte auszuleben. Ausgelassen wälzen sie sich im Gras, erkunden den neuen Lebensraum und brüllen laut. Und dann sind sie plötzlich am höchsten Punkt in LIONSROCK angelangt und nehmen zum ersten Mal das wahr, was ihnen so lange verwehrt wurde: das Gefühl von Freiheit. Für alle, die daran beteiligt sind, ist klar: LIONSROCK ist ein Erfolg!

In Gänserndorf, weit weg vom Paradies, verstreicht keine Nacht, in der Carmen nicht an Südafrika denkt. Und obwohl die Pfleger von VIER PFOTEN sich liebevoll um Lulu und ihre Gefährtin kümmern, verschlechtert sich der Zustand der alten Löwin von Tag zu Tag. Carmen muss sich an den Gedanken gewöhnen, dass sie ihre Freundin bald verlassen wird. Sie mag nicht mehr fressen, die besten Leckerbissen bleiben liegen und nur noch Carmens Fürsorglichkeit hält sie am Leben. Doch schließlich, zwei Winter nach der abgebrochenen Reise, schließt Lulu für immer ihre Augen.

„Wohin bist du gegangen?" – Immer wieder stellt Carmen diese Frage. Aber Lulu antwortet ihr nicht. Wenige Tage später, als Carmen wieder einmal traurig und alleine auf dem alten Schlafplatz ihrer Freundin liegt, hört sie plötzlich Schritte hinter sich. Sie kommen in ihre Richtung! Kurz vor dem Gehege machen sie halt. Dann räuspert sich jemand. „Carmen", beginnt einer der Pfleger zu sprechen, „wir haben eine gute Nachricht für dich!" Plötzlich ist die Löwin ganz Ohr, dreht ihren Kopf und beobachtet den Mann ganz genau. „Wir bringen dich nach LIONSROCK!"

Nach einem langen Transport hat Carmen das Ziel ihrer Reise erreicht. Die Löwin glaubt zu träumen: Aber die Felsen, die Bäume und die warme Sonne, die über das Land scheint, sind Wirklichkeit. Carmen ist in LIONSROCK angekommen! Und mit ihr ein neuer Freund. Cesar, ein alter Löwenherr aus einem Zoo in Rumänien. Vom ersten Tag an erkunden die beiden gemeinsam die Verstecke des riesigen naturbelassenen Geheges, sonnen sich Seite an Seite – und bei Nacht kuscheln sie

sich aneinander, fast so wie einst Carmen und Lulu. „Endlich bin ich zu Hause", denkt die Löwin und schläft beruhigt ein.

Wieder bricht ein neuer, wunderbarer Tag in LIONSROCK an. „Wach auf, Cesar, heute ist keine Zeit zum Schlafen! Die Sonne scheint so hell und das Leben ist so schön. Komm mit, ich möchte dir etwas zeigen!", ruft Carmen freudig. Cesar blinzelt und murrt. Mit einem Gähnen rafft er sich auf und blickt seine Freundin fragend an. „Komm mit!", schnurrt sie und führt den Löwen einen Pfad hinauf – vorbei an warmen Felsen und dichtem Gestrüpp – bis zum höchsten Punkt von LIONSROCK. Dort, wo damals, vor zwei Jahren, Carmens Freunde ihren ersten Tag verbrachten, wo sie den Geräuschen der Wildnis lauschten und den afrikanischen Wind auf ihrem Fell spürten, lauscht nun auch sie dem Erwachen der Welt. Es ist ein wunderbares Gefühl, das die Löwin in sich spürt. Endlich weiß Carmen, wohin Lulu gegangen ist, als sie ihre Augen für immer schloss: ins Paradies! Und Carmen ist froh, ihre alte Freundin an ihrer Seite zu wissen.

CARMEN

- *Geboren 1993 im Safaripark Gänserndorf.*
- *Blieb – obwohl die anderen Gänserndorf-Löwen nach LIONSROCK transportiert wurden – in Gänserndorf zurück, um ihrer Freundin Lulu, einer alten Löwin, die nicht mehr transportfähig war, Gesellschaft zu leisten, und wurde von VIER PFOTEN in Gänserndorf betreut.*
- *Lulu starb im Juni 2009 an Altersschwäche. Carmen wurde danach nach LIONSROCK gebracht.*
- *Sie konnte nicht mehr in das Gänserndorf-Rudel integriert werden, weil die Zeit der Trennung zu lange gewesen war.*
- *Daraufhin lebte sie gemeinsam mit Cesar (einem gleichaltrigen Löwenmännchen) in einem artgerechten Gehege.*
- *Carmen musste im Jänner 2013 eingeschläfert werden, da sich ihr gesundheitlicher Zustand in den letzten Monaten zusehends verschlechtert hatte und keine Lebensqualität mehr gegeben war.*

TOM & JERRY

Manege ade: Wie die Bären Tom & Jerry aus dem Zirkus in den BÄRENWALD kamen.

Hin und her, hin und her – und noch einmal! Tom schlittert von links nach rechts. Es ist, wie so oft in seinem Bärenleben, eine Reise ins Ungewisse. Der Käfig ist viel zu eng, um sich richtig hinlegen zu können, außerdem muss Tom ihn sich mit seinem Bruder Jerry teilen. Von dem bunten Zirkuswagen, in dem die beiden eingesperrt sind, blättert die Farbe ab. Es ist eine Scheinwelt! Die Gitterstäbe sind rostig. Die Achsen ächzen unter dem Gewicht der Tiere. Und dazu noch die holprige Straße …

Auch Jerry ist unglücklich. Die beiden Bären teilen dasselbe Schicksal, ertragen Vorstellung um Vorstellung und das Gejohle der Zuschauer, die nicht ahnen, was in den Tieren vorgeht.

Tom und Jerry wurden im Tierpark in Ostrau in Tschechien geboren. Als sie vier Monate alt waren, wurden sie an einen Dompteur verkauft. An ihre Kindheit haben die beiden Bären kaum noch Erinnerungen.

Dann die zweite Station auf ihrem Lebensweg: der Safaripark Gänserndorf, ganz im Osten Niederösterreichs. „Weißt du noch?", fragt Tom seinen Bruder. Der brummt zustimmend. Jeden Tag mussten sie dort in der Bärenschule Kunststücke – wie etwa im Handstand über mehrere Stufen gehen – vorführen. Und anscheinend war keinem der Zuschauer klar, dass die Bären daran keinen Spaß hatten. Niemand setzte sich für sie ein.

Das blieb auch so, als einige Jahre später ein neuer Zirkus gegründet wurde und Tom und Jerry fortan durch ganz Europa reisten. Die weite Welt da draußen – die zwei ahnten wohl, dass es sie gab. Doch für die beiden Bären gab es keine Hoffnung auf Flucht oder Freiheit. Stattdessen: das Brüllen des Dompteurs, der wieder und wieder seine Peitsche schwang, verschmutzte Käfige, schimmliges Futter und Krankheiten. Es war Tom, der Jerry am Leben erhielt. Und Jerry, der Tom beistand. Im Zirkuswagen und draußen in der Manege.

Und so wiederholte es sich Tag für Tag. Tom brummt seinen Bruder an. Welche Kunststücke werden sie wohl an diesem Abend vorführen müssen? Auf einem Zylinder balancieren oder sich gegenseitig in einem kleinen Rollwagen schieben? Plötzlich geht die Tür des Zirkuswagens auf. Die Sonne scheint. Ein Wald ist zu sehen – wie schön! Wenn sie doch nur frei wären! Die Tür wird noch weiter geöffnet. „Auf, auf, ihr beiden! Heute haben wir viele Karten verkauft. Das Zelt ist voll!", ruft der Dompteur und scheucht die zwei Bären mit seiner Peitsche zum Zirkuszelt, wo sie auf ihren Auftritt in der Manege warten.

Gleich ist es so weit. Alles ist für die Show vorbereitet. Doch was ist das? Erstaunt beobachten Tom und Jerry eine kleine Schar von Menschen, die vor dem Zirkus aufmarschiert. Sie sehen nicht aus wie die Besucher, die sonst in Scharen abends herbeiströmen. Diese Menschen in knallroten Jacken tragen große Schilder. Und sie stellen sich schützend vor den vergitterten Eingang. Tom und Jerry richten sich auf, um noch mehr erspähen zu können. Was ist da los? Was steht auf den Schildern? Was wollen diese Menschen?

„Schenkt den Bären ein artgemäßes Leben!" – „Schluss mit dem Zirkusdasein für die Bärenbrüder!" – „Gebt die Bären heraus!", prangt in Riesenlettern auf den Plakaten. Insgeheim ahnen Tom und Jerry, dass diese Menschen es gut mit ihnen meinen. Nach all den langen Jahren der Gefangenschaft hatten sie längst die Hoffnung aufgegeben, jemals die Freiheit des Waldes erleben zu dürfen. Doch jetzt kümmert sich jemand um sie, denkt an sie und will ihnen helfen! Auf den Schildern ist ganz deutlich das rote Wiesel zu erkennen.

Nun kommen auch die ersten Besucher. Die Nachmittagsvorstellung soll in wenigen Minuten beginnen. Im Zelt ist alles vorbereitet. Die Artisten, der Dompteur und auch der Zirkusdirektor warten. Aber die Tierschützer geben nicht auf. „Gehen Sie nicht in diesen Zirkus!", flehen sie die Ankommenden an und schildern ihnen das Schicksal der beiden Bärenbrüder. Einige hören sich die Geschichte an, viele sind erschüttert und beschließen, die Vorstellung nicht zu besuchen. Gespannt und aufgeregt beobachten Tom und Jerry das Geschehen. Was wird wohl als Nächstes passieren?

Dann plötzlich ziehen die Tierschützer wieder ab. Enttäuscht sinkt Tom in einer Ecke des Käfigs in sich zusammen. Ist alles nur ein Traum gewesen? Werden sie nun doch ihr Leben lang in diesem Zirkus ihr

Dasein fristen müssen? Es ist Jerry, der seinen mutlosen Bruder wieder aufmuntert. „Es wird schon werden, du wirst sehen!", brummt er dem zweifelnden Tom zuversichtlich zu. Wenigstens mussten die beiden heute nicht ihre Kunststücke vorführen – zum ersten Mal seit vielen, vielen Jahren. Zufrieden, aber mit knurrendem Magen schlafen sie ein.

Seitdem ist einige Zeit vergangen. Tom und Jerry treten wieder Tag für Tag in der Manege auf. Aber die ganze Zeit über spüren sie, dass sie nicht alleine sind. Die Mitglieder von VIER PFOTEN versuchen immer wieder mit stummen oder lauten Protesten und Briefen an wichtige Personen und Behörden, die Bärenbrüder aus ihrem traurigen Alltag zu befreien.

An einem wunderschönen Herbsttag steht für Tom und Jerry eine weitere Vormittagsvorstellung auf dem Programm. Aber wo sind die Besucher? Und die Zirkusleute? Da wird die Stille von einem näher kommenden Auto unterbrochen. Männer betreten den Zirkus. Die Käfigtür der Bären wird aufgesperrt. Jerry, der ängstlichere der beiden Brüder, beginnt nervös auf und ab zu laufen. Und auch Tom, der sonst doch immer so mutig ist, bekommt es mit der Angst zu tun. So viele Fremde! Was wollen die? Mehrere Hände greifen nach ihnen. Die Bären wissen nicht,

wie ihnen geschieht, denn von Menschen ist ihnen bisher nichts Gutes widerfahren. Dann verschwinden die Fremden fast alle wieder. Langsam, ganz langsam beruhigen sich die Tiere. Doch plötzlich verspüren beide einen kleinen Pikser in ihrer Flanke. Aber sie sind zu müde, zu erschöpft, um sich zu wehren. Sie blicken einander an. Tom schmiegt sich an Jerry und beide schlafen ein.

Als die Brüder wieder aufwachen, sind sie im BÄRENWALD in Arbesbach! Beide sind nach der langen Zeit in schlechter Haltung abgemagert und in keinem guten Zustand. Besonders Tom hat es hart getroffen. Durch die jahrelange Fehlernährung ist er auf einem Auge blind. Jerry leidet unter einer schmerzhaften Fehlstellung der Vorderbeine, verursacht durch die unnatürliche Haltung bei manchen Kunststücken und im Käfigwagen. Aber jetzt, nach dieser Rettungsaktion, soll alles besser werden! Gespannt haben die Mitarbeiter im BÄRENWALD auf ihre Schützlinge gewartet. Und angespannt das Erwachen des Duos beobachtet. Die Tür der Transportbox steht offen. Noch immer sind die beiden eng aneinander gekuschelt. Bis Tom nach einer kleinen Ewigkeit langsam den Kopf bewegt und damit auch Jerry sanft aufweckt.

Den Pflegern ist die Erleichterung über diese Lebensregung anzusehen. Tom und Jerry haben den Transport gut überstanden! Die zwei Bären richten sich langsam auf. Sie können es kaum fassen: Sie sind in Sicherheit! Mitten in der wundervollen Natur des Waldviertels – so gut wie frei! Endlich! Nie wieder Vorführungen, Shows und quälende Kunststücke! Vorsichtig tapsen sie in ihr neues Leben und erkunden freudig witternd den BÄRENWALD Arbesbach.

TOM & JERRY

- *Geboren 1988 im Tierpark Ostrau / Tschechien.*
- *Mit 4 Monaten an Dompteur verkauft.*
- *Bis 1993 im Safaripark Gänserndorf – Kunststücke in der „Bärenschule".*
- *Ab 1994 gondelten sie in einem engen Zirkuswagen durch Europa: katastrophale Haltung und kaum Auslauf führten zu bleibenden Schäden.*
- *Ab 1995 kämpfte VIER PFOTEN u. a. mit Demonstrationen vor dem Zirkus für die Befreiung von Tom & Jerry.*
- *Gütliche Einigung zwischen Besitzer, dem Land Niederösterreich und VIER PFOTEN im Frühling 2000 – Mitte September 2000 Übersiedlung in den BÄRENWALD.*

PROJEKTE

BÄRENPROJEKTE

BÄRENWALD ARBESBACH (ÖSTERREICH)

Der Park

Der BÄRENWALD Arbesbach war das erste Bärenprojekt von VIER PFOTEN. Er wurde 1998 eröffnet und 2009 erweitert. Derzeit leben hier sieben Braunbären auf insgesamt 14.000 Quadratmetern. Der vorerst letzte Bär wurde 2011 aufgenommen.

Das Gehege

Das Gelände in der unverfälschten Naturlandschaft im niederösterreichischen Waldviertel bietet Bären ein tiergerechtes Zuhause. Die Anlage ist in vier Gehege unterteilt. Die Bären können hier ihre natürlichen Verhaltensweisen ausleben, baden, graben, umherstreifen, klettern und sich in Höhlen zurückziehen. Videokameras ermöglichen es, die Tiere in den nicht einsehbaren Bereichen zu beobachten, ohne sie zu stören.

Bären in Gefangenschaft

In Österreich werden in Zoos und privaten Einrichtungen über 50 Bären gehalten. Meist handelt es sich um Braunbären. Nur etwa die Hälfte dieser Tiere wird in wissenschaftlich geführten bzw. begleiteten Anlagen betreut. Dementsprechend unterschiedlich ist die Qualität der Haltung. Knapp 30 Tiere werden nach wie vor in völlig unzureichenden Gehegen zur Schau gestellt.

Problem Nachzucht

Leider wird in vielen Einrichtungen aus Gründen der Attraktivität von Jungtieren vermehrt nachgezüchtet. Das muss jedoch aus Sicht des Tierschutzes unterbunden werden, weil damit viele Probleme – z. B. Platzmangel und gesteigerte Aggressivität – verbunden sind. Dem will der BÄRENWALD Arbesbach entgegenwirken, daher sind hier alle männlichen Tiere kastriert.

BÄRENWALD MÜRITZ (DEUTSCHLAND)

Der Park

Der BÄRENWALD Müritz bietet Bären aus schlechter Haltung seit 2006 ein tiergerechtes Zuhause. In dem insgesamt 16 Hektar großen Freigehege leben derzeit 15 Braunbären. Durch die Erweiterung im Jahr 2011 wurde Platz für weitere Tiere geschaffen.

Das Gehege

Der BÄRENWALD Müritz bietet den Bären einen Lebensraum, der ihren natürlichen Ansprüchen entspricht: eine abwechslungsreiche Landschaft mit Mischwald, Wiesenflächen, Waldlichtungen, Hanglagen und einem natürlichen Wasserlauf.

ZIELE UND AUFGABEN DER BÄRENWÄLDER

Bären in Gefangenschaft können nicht mehr ausgewildert werden – sie sind zu abhängig vom Menschen und würden in freier Wildbahn nicht überleben. Aufgrund schlechter Haltungsbedingungen sind viele Tiere schwer verhaltensgestört. Die BÄRENWÄLDER Müritz und Arbesbach bieten solchen Bären eine Alternative: Hier können sie ihre Instinkte wiederentdecken und ihr natürliches Verhalten ausleben.

PFLEGE UND ENRICHMENT IN DEN BÄRENWÄLDERN

Bären haben Ansprüche an ihren Lebensraum, die in Gefangenschaft nur schwer realisiert werden können. In den BÄRENWÄLDERN werden den Tieren Lebensbedingungen geboten, die jenen in freier Wildbahn ähneln. Einige Bären haben während ihrer Gefangenschaft schwere Verhaltensstörungen ausgebildet. Im BÄRENWALD gelingt es ihnen, diese nach und nach abzulegen – mithilfe eines bereicherten Lebensraums und spezieller Beschäftigungsmaßnahmen, die das natürliche Verhalten der Tiere fördern. Der englische Fachbegriff für dieses Haltungskonzept lautet „Behavioral and Environmental Enrichment".

ANKUNFT DER BÄREN IN DEN BÄRENWÄLDERN

Medizinische Versorgung

Während des Transports bzw. bei der Ankunft im BÄRENWALD wird der Bär zunächst tierärztlich behandelt. Sein Allgemeinzustand wird geprüft, seine Zähne werden untersucht und alle notwendigen medizinischen Maßnahmen vorgenommen.

Eingewöhnung

Nach der medizinischen Untersuchung kommt der Bär in ein Eingewöhnungsgehege. Hier kann er sich – beobachtet von Tierarzt und Bärenpfleger – an seine neue Bewegungsfreiheit gewöhnen und das Gelände erkunden. Später werden die Verbindungen zu den Nachbargehegen geöffnet und der Bär lernt seine Artgenossen kennen.

Vergesellschaftung
Obwohl Braunbären in freier Wildbahn Einzelgänger sind, leben sie in den Bärenschutzzentren in kleinen Gruppen zusammen. Das wirkt sich positiv auf das Verhalten der einzelnen Tiere aus. Durch den Sozialkontakt und die Beschäftigung miteinander nehmen auch die Verhaltensstörungen schneller ab.

Rhythmus der Natur
Ein weiterer wichtiger Bestandteil des Projekts ist, dass die Bären ihren Tagesablauf selbst gestalten können. Auch das Ausleben saisonaler Verhaltensweisen spielt dabei eine große Rolle. So ermöglicht etwa das natürliche Geländeprofil den Tieren, sich für die Winterruhe eigene Höhlen zu graben.

TANZBÄRENPARK BELITSA (BULGARIEN)
Seit der Gründung im Jahr 2000 bietet der TANZBÄRENPARK Belitsa derzeit 25 ehemaligen Tanzbären aus Bulgarien und Serbien ein neues Zuhause in einem bärengerechten Umfeld. Er ist das größte Bärenreservat seiner Art in Europa und befindet sich im Rila-Gebirge – 170 Kilometer südöstlich der bulgarischen Hauptstadt Sofia. Nach Erweiterungsarbeiten im Jahr 2004 umfasst der Park heute mehr als 120.000 Quadratmeter.

Zurück zur Natur
In Belitsa können die Bären in Teichen schwimmen, auf Bäume klettern und eine Winterruhe halten. Das Projekt beweist, dass man Tieren selbst nach jahrelanger falscher Haltung wieder eine weitgehend natürliche Lebensweise ermöglichen kann.

Zukunft der Bären
Es ist das Ziel von VIER PFOTEN, die traditionelle Misshandlung von Braunbären zu beenden. Seit 1993 stehen Bären unter dem Schutz von CITES, dem Abkommen gegen den Handel mit gefährdeten Arten, und das Abrichten von Tanzbären ist europaweit verboten. Ehemaligen Tanzbären, die aufgrund ihrer Gewöhnung an den Menschen sowie physischer und psychischer Probleme nicht ausgewildert werden können, wird in Belitsa ein friedvolles Leben geboten. Im Jahr 2007 wurde ein wichtiger Meilenstein

gesetzt: VIER PFOTEN hat es geschafft, die letzten drei registrierten Tanzbären Bulgariens im TANZBÄRENPARK unterzubringen. Im Jänner 2009 konnte VIER PFOTEN schließlich auch die letzten drei Tanzbären aus Serbien retten und nach Bulgarien überstellen. Ein großer Erfolg für den Tierschutz!

BÄRENWAISENSTATION HARGHITA (RUMÄNIEN)

Eine Zukunft ohne Zäune

Ein ganz besonderes Bärenschutzprojekt startete VIER PFOTEN 2004 im Nordosten Rumäniens: die BÄRENWAISENSTATION Harghita. Junge Bärenwaisen wachsen hier ohne menschlichen Kontakt auf, um im entsprechenden Alter ausgewildert werden zu können.

Gefahren für Bärenwaisen

Schätzungen zufolge leben in den Karpaten noch ungefähr 5.000 Bären. Aufgrund von Wilderern und der Zerstörung des natürlichen Lebensraums werden viele – vor allem erwachsene – Bären getötet oder aus den Wäldern verjagt. Die jungen Bärenwaisen haben ohne ihre Mütter kaum eine Chance, in der Wildnis zu überleben. Werden sie gefunden, steht ihnen häufig ein Leben in nicht bärengerechter Gefangenschaft, etwa in einem Zoo, im Zirkus oder in privater Haltung, bevor.

Drei-Stufen-Programm für die Auswilderung

Die VIER PFOTEN Auswilderungsmethode ist eine der besten Lösungen, Tieren eine Zukunft in Freiheit zu ermöglichen. Die Bärenwaisen müssen auf ein eigenständiges Leben vorbereitet werden, ohne sich an den Menschen zu gewöhnen. Der menschliche Einfluss nimmt den Bären das angeborene Misstrauen dem Menschen gegenüber, weil dieser sehr schnell als Nahrungslieferant identifiziert wird. Das hat zur Folge, dass Bären die Nähe zu Menschen suchen, wodurch Konflikte entstehen können. Aus diesem Grund können an Menschen gewöhnte Tiere nicht mehr ausgewildert werden. Deshalb muss jeder Kontakt der verwaisten Jungtiere zu Menschen unterbleiben.

Das Ziel von VIER PFOTEN ist es, die Bärenwaisen so schnell wie möglich wieder in die Freiheit zu entlassen. Damit dieser wichtige Schritt erfolgen kann, wird ein individuelles Programm für die Auswilderung benötigt. Bärenexperten führen den Plan in drei Schritten aus:

- **Quarantäne:** Nach der Ankunft im Camp bleibt der Bär unter Quarantäne, bis das tierärztliche Gutachten erstellt ist.
- **Natürliches Umfeld:** Nach Entlassung aus der Quarantäne wird er in ein großes, naturnahes Gehege gebracht. Hier kann er – seiner Natur entsprechend – klettern, graben, auf Nahrungssuche gehen, mit anderen Bären spielen, sich in Höhlen verstecken oder schlafen.
- **Training:** Auf Basis des natürlichen Tierverhaltens erstellt der Bärenpfleger ein indi-

viduelles Trainingsprogramm für den Bären. Dieses Programm entspricht strengen Vorgaben, um sicherzustellen, dass die jungen Bären sich nicht an Menschen gewöhnen. Der Zeitpunkt der Auswilderung ist abhängig von der individuellen Entwicklung des Tieres und erfolgt im Alter von etwa zwei Jahren: Mit einem Sender ausgestattet, wird der junge Bär in die Freiheit der Bergwälder entlassen, wo ihn das VIER PFOTEN Team weiterhin überwachen kann.

BÄRENRETTUNGSSTATION NADIYA (UKRAINE)

Im Jahr 2012 hat VIER PFOTEN in Zhytomyr – 159 Kilometer westlich von Kiew – auf einem 10.000 Quadratmeter großen Gelände das Bärenschutzzentrum Nadiya errichtet. Dort lebt seit ihrer Befreiung im November 2012 die kleine Bärin Nastia. VIER PFOTEN hofft, auch bald ihre Mutter Masha und andere aus schlechter Haltung gerettete Bären dorthin übersiedeln zu können.

BÄRENWALD PRISHTINA (KOSOVO)

Mehrere Hektar Busch- und Waldlandschaft in der Nähe der Hauptstadt Prishtina sind in der ersten Ausbaustufe für die sogenannten „Restaurant-Bären" im Kosovo reserviert.

14 Bären, die bisher in erbärmlichen, kleinen Käfigen als Attraktionen für Restaurants dienten, werden ab 2013 die paradiesischen Verhältnisse des neuen VIER PFOTEN Bärenschutzprojektes genießen. Da das Gelände erweitert werden kann, kann zukünftig auch in anderen Balkanländern das Ende der schrecklichen Käfighaltung von Braunbären angepackt werden. Außerdem wird in diesem Projekt die Tier- und Naturschutzbildung von Kindern und Jugendlichen einen Schwerpunkt bilden.

BÄREN IN FREIER WILDBAHN

Bären sind Einzelgänger, die durch feste Reviere streifen und nur zur Paarungszeit einen Partner suchen. Die Allesfresser verbringen bis zu 16 Stunden täglich mit der Nahrungssuche.

Der Nachwuchs kommt meist im Winter zur Welt. Die Neugeborenen – gewöhnlich ein bis drei pro Wurf – sind völlig auf die Mutter angewiesen. Das bleibt auch lange Zeit so, denn in den kommenden zwei bis drei Jahren lernen sie von ihr alles, was sie zum Überleben brauchen, bis sie schließlich eigene Wege gehen.

Um in der kalten Jahreszeit die Winterruhe abhalten zu können, reduzieren die Braunbären ihren Energieverbrauch und legen isolierende Fettreserven an. Die Körpertemperatur sinkt um circa fünf Grad, Herz- und Atemfrequenz werden verlangsamt.

STREUNERPROJEKTE

STREUNERHILFE – SAC (STRAY ANIMAL CARE)

Töten ist keine Lösung!

Ausgesetzte oder entlaufene Hunde und Katzen sind in beinahe jedem Land der Welt zu finden. Sie leben auf sich gestellt in den Straßen und auf Grünflächen, ernähren sich von Essensresten und vermehren sich unkontrolliert. Während viele Menschen die herrenlosen Tiere akzeptieren und sie sogar füttern, sehen Behörden in ihnen oft ein Ärgernis. Im Versuch, das Problem zu beseitigen, werden die Tiere häufig getötet. Das ist allerdings weder human noch nachhaltig. Denn dadurch finden neu hinzugekommene Tiere mehr Futter, bekommen mehr Junge und die Geburtenrate steigt erneut.

Sinnvolle Hilfe

Die einzig nachhaltige Methode zur Senkung der Streunerzahlen ist die Durchführung flächendeckender Programme zur Geburtenkontrolle. Dabei werden die Tiere eingefangen, kastriert, geimpft und falls nötig medizinisch behandelt. Anschließend werden sie wieder in ihr Stammrevier zurückgebracht. Dadurch verhindert man den Zuzug weiterer Tiere, die sich fortpflanzen könnten, und erreicht so langfristig eine verringerte Geburtenrate.

Eine nachhaltige Lösung für Hunde und Katzen

Wenn möglichst alle frei laufenden Hunde und Katzen in einer bestimmten Gegend kastriert sind, vermindert sich die Gesamtpopulation langfristig. In Österreich ist es daher Gesetz, dass Katzenbesitzer ihre Tiere, sofern sie Freilauf genießen, kastrieren lassen müssen. Dies soll verhindern, dass noch mehr unerwünschte Katzenbabys geboren werden und über kurz oder lang in die ohnehin überfüllten Tierheime abgeschoben oder zu Streunern werden.

Wo konnte VIER PFOTEN bisher helfen?
Das Streunerhilfe-Projekt von VIER PFOTEN läuft seit über 15 Jahren erfolgreich in Bulgarien und Rumänien sowie projektweise in Ägypten, Griechenland, Indien, Jordanien, Kroatien, Litauen, Mazedonien, Moldawien, der Slowakei, der Ukraine, auf Sri Lanka und im Sudan. Das große Ziel ist es, die Verfolgung und Tötung von Streunertieren zu stoppen. Um dieses Ziel zu erreichen, führt VIER PFOTEN nicht nur Kastrationen durch, sondern veranstaltet auch Schulungen für Tierärzte vor Ort, um ihnen neue Methoden der Geburtenkontrolle zu vermitteln. Bis jetzt haben beispielsweise 40 sudanesische Tierärzte an der VIER PFOTEN Schulung teilgenommen. Auch Freiwillige und Soldaten, denen das Schicksal der Tiere nahegeht, bieten ihre Hilfe an. Das Projekt findet so großen Anklang, dass bereits zukünftige Projekte zwischen UNAMID und VIER PFOTEN geplant werden.

Die erzielten Erfolge des Streunerhilfe-Projekts haben zu einem gewissen Umdenken in der Bevölkerung und bei den Behörden geführt. Deshalb erreichen VIER PFOTEN immer mehr Anfragen zu diesem Thema.

DOGS FOR PEOPLE (DFP)

Im Jahr 2004 wurde von VIER PFOTEN das Projekt Dogs For People (Hunde für Menschen) in Rumänien ins Leben gerufen. Dabei werden Streunerhunde von Experten trainiert und zu Therapiehunden ausgebildet.

Ziel dieses Projekts ist es, die öffentliche Meinung in Rumänien in Bezug auf Streuner zu verändern, indem man zeigt, wie wertvoll diese Tiere für die Gesellschaft sein können, und dadurch die Hunde vor Verfolgung zu bewahren und ihnen ein besseres Leben zu ermöglichen.

Gleichzeitig wird mit dem Projekt Kindern und Jugendlichen mit geistigen und körperlichen Behinderungen sowie seit 2012 auch Menschen in Altersheimen geholfen. Das Zusammensein mit den Therapiehunden motiviert die Menschen und stärkt ihr Selbstbewusstsein. So fällt es ihnen leichter, auf andere einzugehen, alltägliche Situationen zu meistern und soziale Kontakte zu pflegen.

Mit dem Dogs For People Projekt hat VIER PFOTEN die Möglichkeit zu zeigen, dass Streunerhunde einen wichtigen Beitrag in der Gesellschaft leisten können, indem sie Kindern und Jugendlichen mit speziellen emotionalen und körperlichen Bedürfnissen sowie älteren Menschen Freude bereiten und den oft schweren Alltag erleichtern.

LIONSROCK GROSSKATZEN-SCHUTZGEBIET

Natur für befreite Tiere!

Am 1. Februar 2007 hat VIER PFOTEN ein einzigartiges Projekt zur Befreiung von Großkatzen aus ausbeuterischer und missbräuchlicher menschlicher Gefangenschaft gestartet: LIONSROCK.

Das 1.242 Hektar große Gelände liegt im Osten der Provinz Freistaat in Südafrika, 18 Kilometer von der Stadt Bethlehem entfernt, nördlich von Lesotho – eine Region, die mit der Zucht von, dem Handel mit und der Jagd auf Großkatzen traurige Berühmtheit erlangt hat. In der Mitte des Areals, das neben den befreiten Großkatzen auch von vielen für Südafrika typischen Wildtieren wie Gnus, Springböcken und anderen Antilopenarten, Zebras, Straußen sowie zahlreichen kleineren Vogelarten bevölkert wird, ragt ein markanter Gipfel auf, nach dem das Schutzgebiet „LIONSROCK" benannt wurde.

Erklärtes Ziel von LIONSROCK ist es, als Zuhause für notleidende Großkatzen neue Standards zu setzen und einen Lebensraum zu schaffen, der ganz den Tieren und ihren Bedürfnissen angepasst ist. Entsprechend der VIER PFOTEN

Richtlinien für Schutzgebiete sind die Jagd und Zucht von Großkatzen sowie der Handel mit ihnen strikt verboten.

Der Erfolg hält Einzug

Im Winter 2013 wird LIONSROCK bereits von 79 Löwen, vier Tigern, zwei Leoparden, einem Gepard, zwei Wildhunden, drei Hyänen, zwei Karakalen und drei Servalen bewohnt. Alle diese Tiere wurden aus nicht artgemäßen, oft grausamen Haltungsbedingungen aus aller Welt gerettet. So haben neben den Löwen aus dem ehemaligen Safaripark Gänserndorf bei Wien viele Zoo- und Zirkuslöwen aus ganz Europa und Südafrika oder für Touristenfotos missbrauchte Löwen hier eine neue Heimat gefunden. VIER PFOTEN hat die Lebensumstände dieser Tiere nachhaltig verbessert und ihnen einen Ort gegeben, an dem sie endlich ihren Bedürfnissen entsprechend und in Sicherheit leben können.

Moderne Standards und die spezielle Gestaltung von LIONSROCK bieten den Großkatzen:

- große Areale für Familienverbände
- verhaltensgerechte Beschäftigungsmöglichkeiten
- Rückzugsmöglichkeiten in natürlicher Vegetation
- beste tierärztliche Versorgung
- höchste Qualitätsstandards der Gehege

LIONSROCK Lernprogramm

Um den Tier- und Artenschutzgedanken weiterzutragen, hat LIONSROCK verschiedene Bildungsprogramme für Schulkinder aus aller Welt erarbeitet. Gäste, die LIONSROCK besuchen, erfahren viele interessante Fakten über Großkatzen und über die Not ihrer Artgenossen in Gefangenschaft.

LIONSROCK Lodge

In der LIONSROCK Lodge, die innerhalb des Parks liegt, können Besucher übernachten oder ihren Urlaub verbringen. Aktivitäten wie Wandern oder Vogelbeobachtung sind möglich. Die Lodge verfügt außerdem über Räumlichkeiten für Konferenzen und Feiern aller Art und trägt so zur Finanzierung der gesamten Anlage bei.

WILDPFERDE IN LETEA

Ein artenreiches Biosphärenreservat

Das rumänische Donaudelta wurde als einziges Flussdelta der Welt zur Gänze zum Biosphärenreservat erklärt und ist das zweitgrößte Feuchtbiotop Europas. Der Wald von Letea liegt im Nordosten des Deltas. Das Gebiet umfasst 2.825 Hektar. Viele seltene und besondere Pflanzenarten sind nur hier zu finden. Das Donaudelta ist Weltkulturerbe und wurde 1990 in das UNESCO-Biosphären-Programm aufgenommen. Gegründet 1938, ist diese einzigartige Landschaft das älteste Naturschutzgebiet Rumäniens.

Woher kommen die Pferde in Letea?

Historische Dokumente belegen, dass die Vorfahren der heutigen Pferdepopulation vor 300 bis 400 Jahren in den Norden des Donaudeltas kamen und dort heimisch wurden. Nach dem Zusammenbruch der landwirtschaftlichen Kolchosen 1989 wurden weitere Tiere von der Bevölkerung im Gebiet freigelassen oder in das Flussdelta gebracht, um sie dort illegal grasen zu lassen. All das führte zu einem Anstieg der Pferdepopulation. Mit dem wachsenden Bestand stieg auch der Bedarf an Futter- und Weideland und die Tiere wanderten immer weiter in den streng geschützten Waldbereich des Biosphärenreservats hinein, wo sie auch Baumrinden und geschützte Pflanzen fraßen. 2010 lebten rund 1.500 Tiere in diesem Gebiet. Behörden und Umweltschützer sahen darin ein Problem und beschlossen die Pferde zu töten.

Eine nachhaltige Lösung für alle

VIER PFOTEN reagierte sofort! Durch intensive Verhandlungen mit den zuständigen Personen und Behörden konnte das Töten der Tiere gestoppt werden. In Kooperation mit den Verantwortlichen wurden eine Vereinbarung und ein Aktionsplan für die Wildpferde erarbeitet:

- Da nur eine gewisse Anzahl von Pferden von den bestehenden Ressourcen leben kann, wird die Geburtenrate mittels Verhütung vermindert, um die Tiere langfristig vor Mangelernährung und Hunger zu bewahren. Um das zu erreichen, wird so vielen Stuten wie möglich eine empfängnisverhütende Impfung verabreicht, die zwei bis drei Jahre wirksam ist. Die Kastration der Hengste stellt in diesem Fall keine Alternative dar, da sie wesentlich aufwendiger, risikoreicher und teurer ist. Würde nur ein einziger Hengst nicht gefangen und kastriert, könnte er in einer Saison bis zu 50 Stuten decken und so für zahlreichen Nachwuchs sorgen.
- Ein Tierärzteteam von VIER PFOTEN kümmert sich um kranke, schwache und alte Pferde.
- Bei Futterknappheit bringt VIER PFOTEN Heu für die Tiere.
- Das „Danube Delta National Institute for Research and Development" (DDNIRD) erstellt eine mehrjährige Studie, um die nachhaltig positive Auswirkung der Geburtenkontrolle der Pferde auf Flora und Fauna zu belegen. Da es sich dabei um ein einzigartiges Projekt handelt, ist dies auch aus wissenschaftlicher Sicht interessant und sinnvoll.

Gemeinsam mit den zuständigen Behörden zeigt VIER PFOTEN, dass die wild lebenden Pferde einen Beitrag zur biologischen Vielfalt in dieser einzigartigen Naturlandschaft leisten – so wie sie es schon die letzten Jahrhunderte getan haben. VIER PFOTEN wird sich daher auch in Zukunft um das Wohlergehen, den Schutz und die Versorgung dieser wunderbaren und sensiblen Lebewesen kümmern.

DAS ORANG-UTAN-PROJEKT

Letzte Chance für Orang-Utans
Ziel des VIER PFOTEN Projekts ist es, den geretteten Orang-Utans ihre Freiheit wiederzugeben. Dies ist vielleicht die letzte Gelegenheit, unseren nächsten Verwandten eine angemessene Zukunft zu bieten. Wir dürfen sie nicht ungenutzt verstreichen lassen!

Die dramatische Lage der Orang-Utans
Die Zerstörung der Regenwälder in Borneo bedroht das Überleben der Orang-Utans. Die Wälder werden abgeholzt und durch Kohletagebau oder Palmöl-Monokulturen ersetzt. Menschen und ihre Maschinen dringen bis in die entlegensten Winkel vor und vertreiben die Orang-Utans aus ihrer Heimat. Die „Waldmenschen" (so die Übersetzung des Wortes „Orang-Utan" aus dem Indonesischen) verhungern auf der Flucht oder stranden in abgeholzten Ödlandschaften. Sie werden als Ernteschädlinge getötet und die Jungtiere von Holzfällern oder Tierhändlern eingefangen und häufig verkauft, obwohl es verboten ist, weil sie unter Artenschutz stehen. Gerade in privater Haltung sind sie meist ohne die geringste Möglichkeit zu sozialem Kontakt oder auch nur Bewegung in engsten Käfigen eingesperrt. Schlecht ernährt und oft krank vegetieren diese uns so ähnlichen Wesen ihr Leben lang vor sich hin.

Hilfe und Ausbildung für Orang-Utan-Waisen
So konfiszieren die Behörden illegal gehaltene Orang-Utans. Diese werden nach Samboja Lestari gebracht und dort versorgt. In der von der BOS-Stiftung, der Borneo Orangutan Survival Foundation, betriebenen und von VIER PFOTEN unterstützten Rettungsstation werden die traumatisierten Orang-Utan-Waisen von menschlichen Pflegemüttern großgezogen und schließen Freundschaft mit Artgenossen. Da den Tieren viele überlebensnotwendige Kenntnisse nicht instinkthaft angeboren sind, lernen sie in der Waldschule der Rettungsstation über mehrere Jahre hinweg alles Notwendige, um in der Freiheit

zu überleben – von der Nahrungssuche bis zum Schlafnestbau und zur Orientierung im Wald.

Soft Release – Zurück in die Freiheit

Nachdem die Orang-Utans die Waldschule erfolgreich abgeschlossen haben, werden sie im sicheren Wald von Kehje Sewen ausgewildert. Im Mai 2012 wurden die ersten „Absolventen“ in die Freiheit entlassen. Die zwischen 8 und 12 Jahre alten Pioniere werden in ihrem ersten Jahr in freier Wildbahn von eigens geschulten Mitarbeitern beobachtet und mittels spezieller Funksender geortet.

VIER PFOTEN HILFT ORANG-UTANS IN NOT

Vom Aussterben bedroht

Aufgrund ihres Sozialsystems und ihrer geistigen Bedürfnisse kann man Orang-Utans in Gefangenschaft nicht artgemäß halten. Alle heute noch frei lebenden Orang-Utans in die Obhut von Menschen zu nehmen, um sie so vor dem Aussterben zu schützen, ist daher keine Lösung. Tierschutz und Artenschutz müssen Hand in Hand gehen. In einem schockierenden Bericht prognostizierte die UNEP (United Nations Environment Programme) im Jahr 2007, dass innerhalb der nächsten zehn Jahre alle frei lebenden Orang-Utans aussterben werden – wenn wir nichts dagegen unternehmen.

Umweltzerstörung

Jedes Jahr werden zwei Millionen Hektar Regenwald in Indonesien vernichtet. Eine Katastrophe für die Tiere, die Menschen und das Weltklima. Durch das Abholzen trocknen die Sumpfwälder aus und geraten regelmäßig in Brand. Diese Waldbrände sorgen dafür, dass Indonesien weltweit den dritthöchsten Treibhausgas-Ausstoß aufweist – trotz geringer Industrialisierung. Im Torf der ehemaligen Sumpfwälder sind so große Mengen CO_2 gebunden, dass ihre Freisetzung durch die Brände eine weit größere Umweltbelastung darstellt, als durch Biobrennstoffe je zu kompensieren ist.

Über den Orang-Utan-Schutz tragen BOS und VIER PFOTEN auch zum Klimaschutz bei: Durch die Sicherung des 96.000 Hektar großen Auswilderungsgebietes Kehje Sewen wird ein Stück der grünen Lunge unseres Planeten und damit ein Zuhause für andere bedrohte Tierarten gesichert, die mit den Orang-Utans gemeinsam dort leben. BOS beschäftigt über 400 indonesische Mitarbeiter und bietet so den Menschen vor Ort wirtschaftliche Alternativen zum Raubbau an der Natur.

Unsere gemeinsame Vision ist es, den Orang-Utans eine artgerechte Zukunft zu bieten. Ein Leben in Freiheit und Sicherheit, in ihrer natürlichen Umgebung und in Harmonie mit der lokalen menschlichen Bevölkerung.

KEEPER
KEEPER

BILDNACHWEIS

VII: VIER PFOTEN | FOUR PAWS | Peter Svec; VIII o.: VIER PFOTEN | FOUR PAWS | Mihai Vasile; VIII M.: VIER PFOTEN | FOUR PAWS | Mihai Vasile; VIII u.: VIER PFOTEN | FOUR PAWS | Andreas Schultz; IX o.: VIER PFOTEN | FOUR PAWS | Mihai Vasile; IX M.: VIER PFOTEN | FOUR PAWS | Mihai Vasile; IX u.: VIER PFOTEN | FOUR PAWS | Stefan Knoepfer; X o.: VIER PFOTEN | FOUR PAWS | Mihai Vasile; X M.: VIER PFOTEN | FOUR PAWS | Mihai Vasile; X u.: VIER PFOTEN | FOUR PAWS | Mihai Vasile; 1: VIER PFOTEN | FOUR PAWS | Mihai Vasile; 2–3: VIER PFOTEN | FOUR PAWS | Mihai Vasile; 4 l.o.: VIER PFOTEN International; 4 r.o.: VIER PFOTEN International; 4 l.u. : VIER PFOTEN | FOUR PAWS | Widler; 5 l.o.: VIER PFOTEN International; 5 r.o.: VIER PFOTEN | FOUR PAWS | Widler; 6 l.o.: VIER PFOTEN | FOUR PAWS | Jivko Jeliazkov; 6 u.: VIER PFOTEN International | Cher; 7 u.: VIER PFOTEN | FOUR PAWS; 8–9: VIER PFOTEN | FOUR PAWS | Karina Knapek; 10: VIER PFOTEN | FOUR PAWS | Andreas Schultz; 11 r.o.: VIER PFOTEN | FOUR PAWS; 11 l. u.: VIER PFOTEN | FOUR PAWS | Mihai Vasile; 12 l.o: VIER PFOTEN | FOUR PAWS | Mihai Vasile; 12 r.o.: VIER PFOTEN | FOUR PAWS | Mihai Vasile; 12 l.u.: VIER PFOTEN | FOUR PAWS | Mihai Vasile; 13: VIER PFOTEN | FOUR PAWS | Mihai Vasile; 14–15: VIER PFOTEN | FOUR PAWS | Mihai Vasile; 16 o.: VIER PFOTEN | FOUR PAWS | Matthias Schickhofer; 17 u.: VIER PFOTEN | FOUR PAWS; 18 l.u.: Anne Russon; 19 o.: VIER PFOTEN | BOSF | Agnes; 19 u.: VIER PFOTEN | FOUR PAWS | Kuki Barbuceanu; 20: VIER PFOTEN | FOUR PAWS | Mihai Vasile; 22 o.: VIER PFOTEN | FOUR PAWS | Marina Ivanova; 23 r.o.: VIER PFOTEN | FOUR PAWS | Marina Ivanova; 23 r.u.: VIER PFOTEN | FOUR PAWS | Yavor Gechev; 24 o.: VIER PFOTEN | FOUR PAWS | Mihai Vasile; 25. o.: VIER PFOTEN | FOUR PAWS | Mihai Vasile; 25 u.: VIER PFOTEN | FOUR PAWS | Yavor Gechev; 26–27: VIER PFOTEN | FOUR PAWS | Mihai Vasile; 28.u.: VIER PFOTEN | FOUR PAWS | Kuki Barbuceanu; 29: VIER PFOTEN | FOUR PAWS | Alex Tanasescu; 30 l.o.: VIER PFOTEN | FOUR PAWS | Alex Tanasescu; 30 l.u.: VIER PFOTEN | FOUR PAWS | Ovidiu Rosu; 31 o.: VIER PFOTEN | FOUR PAWS | Alex Tanasescu; 31.r.u: VIER PFOTEN | FOUR PAWS | Kuki Barbuceanu; 32: VIER PFOTEN | FOUR PAWS | Mihai Vasile; 33 u.: VIER PFOTEN | FOUR PAWS | Mihai Vasile; 34 l.o.: VIER PFOTEN | FOUR PAWS | George Nedelcu; 35 o.: VIER PFOTEN | FOUR PAWS | George Nedelcu; 36 l.u.: VIER PFOTEN | FOUR PAWS | Roxana Radu; 37 o.: VIER PFOTEN | FOUR PAWS | Roxana Radu; 37 u.r.: VIER PFOTEN | FOUR PAWS | Kuki Barbuceanu; 38: VIER PFOTEN | FOUR PAWS | Roxana Radu; 39 u.: VIER PFOTEN | FOUR PAWS | Kuki Barbuceanu; 40–41: VIER PFOTEN | FOUR PAWS | Andreas Schultz; 42 l.u.: VIER PFOTEN | FOUR PAWS | Yavor Gechev; 42 r.u.: VIER PFOTEN | FOUR PAWS | Yavor Gechev; 43 o.: VIER PFOTEN | FOUR PAWS; 44.o.: VIER PFOTEN | FOUR PAWS | Mihai Vasile; 45: VIER PFOTEN | FOUR PAWS | Hildegard Pirker; 46: VIER PFOTEN | FOUR PAWS | Stefan Knoepfer; 48 o.: VIER PFOTEN | FOUR PAWS | Fred Dott; 49 o.r.: VIER PFOTEN | FOUR PAWS | Fred Dott; 50: VIER PFOTEN | FOUR PAWS | Stefan Knoepfer; 51 o.: VIER PFOTEN | FOUR PAWS | Stefan Knoepfer; 52 l.o.: VIER PFOTEN | FOUR PAWS | Stefan Knoepfer; 52 l.m.: VIER PFOTEN | FOUR PAWS | Stefan Knoepfer; 52 l.u.: VIER PFOTEN | FOUR PAWS | Stefan Knoepfer; 53 r.o.: VIER PFOTEN | FOUR PAWS | Stefan Knoepfer; 53 r.u.: VIER PFOTEN | FOUR PAWS | Stefan Knoepfer; 54–55: VIER PFOTEN | FOUR PAWS | Mihai Vasile; 56 l.u.: VIER PFOTEN | FOUR PAWS | Mihai Vasile; 57 o.: VIER PFOTEN | FOUR PAWS | Mihai Vasile; 57 r.u.: VIER PFOTEN | FOUR PAWS | Mihai Vasile; 58 o.: VIER PFOTEN | FOUR PAWS | Mihai Vasile; 59 r. o.: VIER PFOTEN | FOUR PAWS | Mihai Vasile; 59 r.u.: VIER PFOTEN | FOUR PAWS | Mihai Vasile; 60: VIER PFOTEN | FOUR PAWS; 62 r.o.: VIER PFOTEN | FOUR PAWS | Mihai Vasile; 62 l.u.: VIER PFOTEN | FOUR PAWS; 63 o.: VIER PFOTEN | FOUR PAWS | Hildegard Pirker; 64: VIER PFOTEN | FOUR PAWS | Leonardo Bereczky; 66 o.: VIER PFOTEN | FOUR PAWS | Leonardo Bereczky; 66 u.: Csaba Domokos; 67 r.o.: VIER PFOTEN International; 67 r.u.: VIER PFOTEN | FOUR PAWS | Leonardo Bereczky; 68 l.u.: VIER PFOTEN | FOUR PAWS | Leonardo Bereczky; 69 r.o.: VIER PFOTEN | FOUR PAWS | Leonardo Bereczky; 70: VIER PFOTEN | FOUR PAWS | Mihai Vasile; 72 l.o.: VIER PFOTEN | FOUR PAWS | Marina Ivanova; 72 r.u.: VIER PFOTEN | FOUR PAWS | Mihai Vasile; 73 o.: VIER PFOTEN | FOUR PAWS | Daniel Born; 74 o.: VIER PFOTEN | FOUR PAWS | Mihai Vasile; 75: VIER PFOTEN | FOUR PAWS | Mihai Vasile; 76–77: VIER PFOTEN | FOUR PAWS | Stefan Knöpfer; 78 o.: VIER PFOTEN | FOUR PAWS | Stefan Knöpfer; 78 r.u.: VIER PFOTEN | FOUR PAWS | Stefan Knöpfer; 79 u.: VIER PFOTEN | FOUR PAWS | Alfred Bankhamer; 80 l. o.: VIER PFOTEN | FOUR PAWS | Stefan Knöpfer; 80 l.m.: VIER PFOTEN | FOUR PAWS | Stefan Knöpfer; 80 l.u.: VIER PFOTEN | FOUR PAWS | Stefan Knöpfer; 81: VIER PFOTEN | FOUR PAWS | Stefan Knöpfer; 82–83: VIER PFOTEN | FOUR PAWS | Mihai Vasile; 84 o.: VIER PFOTEN | FOUR PAWS | Mihai Vasile; 85 o.: VIER PFOTEN | FOUR PAWS | Mihai Vasile; 86 l.o.: VIER PFOTEN | BOSF; 86 l.u.: VIER PFOTEN | FOUR PAWS | Mihai Vasile; 87: VIER PFOTEN | FOUR PAWS | Mihai Vasile; 88: VIER PFOTEN | FOUR PAWS | Hildegard Pirker; 90 o.: VIER PFOTEN | FOUR PAWS | Yavor Gechev; 91 l.o.: VIER PFOTEN | FOUR PAWS | Adi Piclisan; 91 r.o.: VIER PFOTEN | FOUR PAWS | Mihai Vasile; 91 r.u: VIER PFOTEN | FOUR PAWS | Karina Knapek; 92 o.: VIER PFOTEN | FOUR PAWS | Mihai Vasile; 92 l.u.: VIER PFOTEN | FOUR PAWS | Mihai Vasile; 93 o.: VIER PFOTEN | FOUR PAWS | Karina Knapek; 94–95: VIER PFOTEN | FOUR PAWS | Mihai Vasile; 96 r.o.: VIER PFOTEN | FOUR PAWS | Mihai Vasile; 96 l.u.: VIER PFOTEN | FOUR PAWS | Mihai Vasile; 97 o.: VIER PFOTEN | FOUR PAWS | Mihai Vasile; 97 r.u.: VIER PFOTEN | FOUR PAWS | Mihai Vasile; 98: VIER PFOTEN | FOUR PAWS | Mihai Vasile; 99: VIER PFOTEN | FOUR PAWS | Mihai Vasile; 100: VIER PFOTEN | FOUR PAWS | Mihai Vasile; 102 l.u.: VIER PFOTEN | FOUR PAWS | Nedelcu George; 103 o.: VIER PFOTEN | FOUR PAWS | Nedelcu George; 104 l.o.: VIER PFOTEN | FOUR PAWS | Nedelcu George; 104 l.u. : VIER PFOTEN | FOUR PAWS | Nedelcu George; 105 r. u.: Anca Tomescu; 106: VIER PFOTEN | FOUR PAWS | Nedelcu George; 107 o.: VIER PFOTEN | FOUR PAWS | Trude Dietachmayer; 108 l. o.: VIER PFOTEN; 108 l.u.: VIER PFOTEN | Heli Dungler; 109 r.o.: VIER PFOTEN | Dieter Nagl; 109 r.u.: VIER PFOTEN | Heli Dungler; 110 l. o.: VIER PFOTEN | FOUR PAWS; 110 l.u.: VIER PFOTEN | FOUR PAWS | Heli Dungler; 111 u.: VIER PFOTEN | FOUR PAWS | Marina Ivanova; 112 r.u.: VIER PFOTEN | FOUR PAWS | Marina Ivanova; 113 r.o.: VIER PFOTEN | FOUR PAWS | Marina Ivanova; 113 r.m.: VIER PFOTEN | FOUR PAWS | Marina Ivanova; 113. r.u.: VIER PFOTEN | FOUR PAWS | Marina Ivanova; : ; 114–115: VIER PFOTEN | FOUR PAWS | MIHAI VASILE; 116 r.o.: VIER PFOTEN | FOUR PAWS | MIHAI VASILE; 116. l.u.: VIER PFOTEN | FOUR PAWS | MIHAI VASILE; 117 o.: VIER PFOTEN | FOUR PAWS | MIHAI VASILE; 118 o.: VIER PFOTEN | FOUR PAWS | Annika Lürsen; 119 o.: VIER PFOTEN | FOUR PAWS | MIHAI VASILE; 120–221: VIER PFOTEN | BOSF; 122 o.: VIER PFOTEN | BOSF | Mihai Vasile; 123 o.: VIER PFOTEN | FOUR PAWS; 123 r.u.: VIER PFOTEN | BOSF; 124 o.: VIER PFOTEN | BOSF; 124 l.u.: VIER PFOTEN | BOSF; 125 u.: VIER PFOTEN | FOUR PAWS | Signe Preuschoft; 126–127: VIER PFOTEN | FOUR PAWS | Mihai Vasile; 128 r.u.: VIER PFOTEN | FOUR PAWS | Dylan Whiting; 129 o: VIER PFOTEN | FOUR PAWS | Mihai Vasile; 130: VIER PFOTEN | FOUR PAWS | Mihai Vasile; 131 u.: VIER PFOTEN | FOUR PAWS | Mihai Vasile; 132: VIER PFOTEN | FOUR PAWS | Mihai Vasile; 134 l.o.: VIER PFOTEN | FOUR PAWS; 135 r.o.: VIER PFOTEN | FOUR PAWS | Knaack; 135 l.u.: VIER PFOTEN | FOUR PAWS | Knaack; 136 o.: VIER PFOTEN | FOUR PAWS | Stefan Knoepfer; 137: VIER PFOTEN | FOUR PAWS | Stefan Knoepfer; 138–139: PFOTENHILFE | Mihai Vasile; 140 o.: VIER PFOTEN | FOUR PAWS | Karina Knapek; 141 r.o.: VIER PFOTEN | FOUR PAWS | Stefan Knoepfer; 141 l.u.: VIER PFOTEN International; 142 l.o.: VIER PFOTEN | FOUR PAWS | Sabine Vielmo; 142 l.m.: VIER PFOTEN International | Cher; 142. l.u.: VIER PFOTEN | FOUR PAWS | Mihai Vasile; 143 l.o.: VIER PFOTEN | FOUR PAWS | Stefan Knoepfer; 143 r.u.: VIER PFOTEN | FOUR PAWS | Leonardo Bereczky; 144 o.: VIER PFOTEN | FOUR PAWS | Mihai Vasile; 145 o.: VIER PFOTEN | FOUR PAWS | Mihai Vasile; 145 u.: VIER PFOTEN | FOUR PAWS | Mihai Vasile; 146–147: VIER PFOTEN International | Cher; 148 o.: VIER PFOTEN | Nedelcu George; 149 r.o.: VIER PFOTEN | FOUR PAWS | Yavor Gechev; 149 r.u.: VIER PFOTEN | FOUR PAWS | Thomas Benda; 150: VIER PFOTEN | FOUR PAWS | Mihai Vasile; 151 r.o.: VIER PFOTEN | FOUR PAWS | Mihai Vasile; 151 r.m.: VIER PFOTEN | FOUR PAWS; 151 r.u.: VIER PFOTEN; 152–153: VIER PFOTEN | FOUR PAWS | Mihai Vasile; 154 o.: VIER PFOTEN | FOUR PAWS | Andreas Schultz; 154 r.u.: VIER PFOTEN | FOUR PAWS | Karina Knapek; 155 r.o.: VIER PFOTEN; 155 r.m.: VIER PFOTEN | FOUR PAWS | Mihai Vasile; 155 r.u.: VIER PFOTEN | Heli Dungler; 156: VIER PFOTEN | FOUR PAWS | Mihai Vasile; 157 r.o.: VIER PFOTEN | FOUR PAWS | Elisia Erasmus; 157 r.m.: VIER PFOTEN | FOUR PAWS | Mihai Vasile; 157 r.u.: VIER PFOTEN | FOUR PAWS | Andreas Schultz; 158–159: VIER PFOTEN | FOUR PAWS | Mihai Vasile; 160: VIER PFOTEN | FOUR PAWS | Mihai Vasile; 160 l.u.: VIER PFOTEN | FOUR PAWS | Mihai Vasile; 161 o.: VIER PFOTEN | FOUR PAWS | Mihai Vasile; 161 r.u.: VIER PFOTEN | FOUR PAWS | Mihai Vasile; 162: VIER PFOTEN | FOUR PAWS | Mihai Vasile; 163 r.o.: VIER PFOTEN | FOUR PAWS | Christian Nistor; 163 r.m.: VIER PFOTEN | FOUR PAWS | Mihai Vasile; 163 r.u.: VIER PFOTEN | FOUR PAWS | Mihai Vasile; 164: VIER PFOTEN | FOUR PAWS | Mihai Vasile; 166 o.: VIER PFOTEN | FOUR PAWS | Mihai Vasile; 167 r.o. : VIER PFOTEN | BOSF; 167 l.u.: VIER PFOTEN | BOSF | Mihai Vasile; 168 l.o.: VIER PFOTEN | BOSF | Mihai Vasile; 168 r.o.: VIER PFOTEN | BOSF | Mihai Vasile; 168 u.: BOS | VIER PFOTEN; 169 o.: VIER PFOTEN | BOSF | Mihai Vasile; 169 u.: VIER PFOTEN | BOSF | Wiwik Astuti; 170–171: VIER PFOTEN | BOSF | Matthias Schickhofer; 172: VIER PFOTEN | FOUR PAWS | Sabine Vielmo

VIER PFOTEN INTERNATIONAL

VIER PFOTEN ist eine international tätige Tierschutzorganisation mit Hauptsitz in Wien. Die 1988 von Heli Dungler gegründete Organisation setzt sich mit nachhaltigen Kampagnen und Projekten für den Tierschutz ein. Grundlagen dafür sind wissenschaftliche Expertise, fundierte Recherchen sowie intensives nationales und internationales Lobbying. Der Fokus liegt auf Tieren, die unter direktem menschlichen Einfluss stehen: Streunerhunde und -katzen, Labor-, Nutz-, Wild- und Haustiere sowie Bären, Großkatzen und Orang-Utans aus nicht artgemäßer Haltung. Mit Niederlassungen in Österreich, Belgien, Bulgarien, Deutschland, Großbritannien, den Niederlanden, Rumänien, der Schweiz, Südafrika, Ungarn und den USA sorgt VIER PFOTEN für rasche und direkte Hilfen für Tiere in Not. 2013 feiert die Organisation ihr 25-jähriges Jubiläum.

www.vier-pfoten.org

KONTAKTADRESSEN

Österreich
VIER PFOTEN – Stiftung für Tierschutz
gemeinnützige Privatstiftung
Linke Wienzeile 236
1150 Wien
phone: +43-1-895 02 02-0
fax: +43-1-895 02 02-99
mail: office@vier-pfoten.at
web: www.vier-pfoten.at

Deutschland
VIER PFOTEN – Stiftung für Tierschutz
Schomburgstraße 120
22767 Hamburg
phone: +49-40-399249-0
fax: +49-40-399 249-99
mail: office@vier-pfoten.de
web: www.vier-pfoten.de

Schweiz
VIER PFOTEN – Stiftung für Tierschutz
Enzianweg 4
8048 Zürich
phone: +41 43 311 80 90
fax: +41 43 311 80 99
mail: office@vier-pfoten.ch
web: www.vier-pfoten.ch